合江福宝古镇民居院落群

渝安武胜宝箴塞院落片

铜梁安居古城的湖广会馆院落

涪陵蔺市大屋基碉楼院落

江津中山古镇民居院落

铜梁安居古城城隍庙院落

合江福宝古镇火神庙的砖坊门堂院落

泸州尧坝风土院落的门屋式院落入口

積善人家

天下第一件好事還是讀書

世上幾百歲舊家無非積德

酉阳龙潭古镇王家大院

九龙坡中梁山华岩寺山地院落

酉阳龙潭古镇万寿宫院落

酉阳龚滩具有勤脚特点的院落

云阳盘石张飞庙山地院落

现象与本征：

明清巴蜀风土建筑的院落空间

徐　辉　著

中国建筑工业出版社

前　言

作为真实民间日常生活的载体，风土建筑基数庞大、分布广泛，是传统城乡整体建成环境的主要构成部分。根植于地区的社会文化与经济技术，风土建筑因地制宜、因材致用，符合特定的自然地理、文化制度、风俗惯习、宗法信仰和审美观念。风土建筑的院落空间由于其极大的弹性特征，形成了从单轴、单进、单核到多轴、多进、多核的多元化组合群体，从而可适应民间传统家庭的多样需求。正是这种空间文化的适应性，使得院落空间历来被长期采用并延续至今，甚至成为中国传统建筑空间体系的主体。总体来说，风土院落空间承载着传统民间生产生活，具有非专业性与歧义性，包含多元丰厚的人地关系。

本书在"建筑文化""营造技术"及"材料建构"的研究基础上，将明清巴蜀风土院落空间作为研究主体。以"现象与本征"合一的视野阐述巴蜀风土院落空间特色，在研究内容、方法与路径上尝试融合多学科视野，以期建立巴蜀风土院落空间研究的多视域主体性地位。论述在巴蜀历史、地理、社会、政治、经济、文化等多元因素下的风土院落空间的特色意涵，探讨其现象机制及其本征特色，最终形成较为系统的巴蜀风土院落空间特色观。在技术路线上，首先，立足于院落空间的发生学考察，关注巴蜀风土院落空间的发展演变；通过风土院落空间的概念与早期发展、考古器物中反映的风土院落空间、明清巴蜀民居院落空间特色发展，梳理巴蜀风土院落空间在时空流变中的特色发展。其次，立足于院落空间的类型学考察，关注巴蜀风土院落空间的类型形制；通过巴蜀风土院落空间的基本格局类型、巴蜀风土院落空间的使用功能类型、巴蜀风土院落空间的材料构筑类型，归纳巴蜀风土院落空间的特色类型。进而，立足于院落空间的地域因子调适，关注地理气候环境、政治经济环境、民俗文化环境综合作用下对巴蜀风土院落空间的调适；通过巴蜀地理环境与风土院落空间、巴蜀气候环境与风土院落空间、巴蜀地理气候环境与风土院落的生产生活空间，探究地理气候环境对巴蜀风土院落空间的特色调适；通过巴蜀社会经济环境与风土院落空间、巴蜀民间防卫安全与风土院落空间、巴蜀士绅官贾团体与风土院落空间，探究政治经济环境对巴蜀风土院落空间的特色调适；通过巴蜀民间信仰与风土院落空间、巴蜀风俗惯习与风土院落空间、巴蜀文化交融与风土院落空间，探究民俗文化环境对巴蜀风土院落空间的特色调适。最后，立足于院落空间的营造学考察，关注巴蜀风土院落空间的地域构筑技术；通过巴蜀风土院落空间的木构连架技术、生土墙构筑技术、空斗墙砌筑技术、屋顶构造技术，解析巴蜀风土院落空间材料营建的特色技术。

　　本书综合阐述地域合力影响下的风土院落空间特色，指出文化技术特色是解开风土院落空间现象与本征的密钥；巴蜀风土院落空间不仅具有历史文化价值，且饱含科学艺术价值；其作为一种延续至今的文化技术建成实体，必然会为我们今天创造具有地域特色和民族特色的新建筑提供有力的空间文化原型与营造技术经验。同时，本书提出了巴蜀风土院落空间特色研究的关键性方法与路径，初步构建了巴蜀地区风土院落空间的特色谱系史，以期能够对促进风土院落空间研究方法的拓展起到一定作用，为风土建筑的传承与保护发展提供理论依据，为地域建筑文脉的正本清源提供可借鉴的基础。

徐辉

农历壬寅年冬月

目　录

第三章　地理气候环境与巴蜀风土院落空间

第四章　政治经济环境与巴蜀风土院落空间

第五章　民俗文化环境与巴蜀风土院落空间

第六章　巴蜀风土院落空间的地域构筑技术

第七章　地域合力影响下的风土院落空间特色

参考文献

第一章 | 概 述

第一节　巴蜀风土院落空间论题的提出

　　风土建筑作为民间真实生活的载体，不仅是民间传统的居住建筑，还涵盖了满足生活生产、民俗信仰、宗法礼仪、商业贸易、军事战争等需求，诸如作坊商铺、祠庙会馆、屯堡关隘等多种类型的民间建筑。风土建筑是传统物质建成环境的主要构成部分，基数庞大、分布广泛，其营造根植于当地自然环境与材料技术，因地制宜，因材致用，符合特定的生活习惯、生产需要、经济发展、文化习俗和审美观念。风土建筑虽大多不像官式建筑那样体现各个历史阶段典型的科学、文化、技术成就，代表各个时代的物质发展巅峰，但与各时代风毛麟角的官式建筑相比，风土建筑在物质建成环境整体中仍是构成主体，可以说正是这个物质建成环境整体孕育了各个时代的代表性官式建筑。因此风土建筑不仅仅是特定地域形态的建筑，还体现了一种组织制度，这种制度是根植于特定社会人文环境中的一套复杂的目的与信念。

　　最初，"巴蜀"即古代巴国和蜀国。"巴国"处于长江沿岸的山区和丘陵地区，大体属今以重庆为核心的大三峡地域一带，而"蜀国"大体属以成都地区为代表的川西平原一带（图1-1）。巴蜀地区的文化源远流长，多元丰厚。从历时

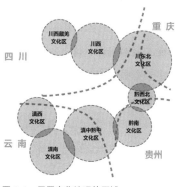

图 1-1　巴蜀文化地理的区域
（来源：作者改绘自《西南历史文化地理》）

性的角度来看，早在人类文明之初，巫山人和资阳人就先后出现。《华阳国志》载："蜀之为国，肇于人皇，与巴同囿。"[1]《汉书·地理志》称："巴、蜀、广汉本南夷，秦并以为郡。"[2] 巴蜀地区范围较大，族群众多，除巴人、蜀人外，还有濮、苴、共、奴等其他少数民族。经蚕丛、柏灌、鱼凫到杜宇、开明时期，古蜀国逐渐成为长江上游的经济文化发展中心。历经灰陶文化期、玉器文化期和青铜器文化期后，古巴蜀文明经累积逐渐多元丰厚。秦灭巴蜀后，该地区进行了大规模的建设，此时的巴蜀文化受中原文化强烈影响[3]。从共时性角度来看，巴蜀文化区域性特点显著，其自然地理空间当下大致覆盖了以四川盆地为主的四川省以及峡江地区的直辖市重庆。历史上的地理范围在《华阳国志》中有明确记载，巴地"东至鱼复，西至僰道，北接汉中，南极黔涪"；蜀地"东接于巴，南接于越，北与秦分，西奄峨蟠。地称天府，原曰华阳。"[4]

巴蜀地区一方面由于山脉围合，形成了较为封闭的信封盆地环境，如此特殊的地理结构极易孕育相对独立的特色文化区域；另一方面，巴蜀地区自身处于中国南北文化的交汇区域，共同促成了当今学界提出的多层系、多维度的复合性巴蜀文化。地理环境与文化发展对巴蜀地区风土建筑的形成与成长影响很大，别具一格的风土院落空间由此孕育。由于风土院落空间的弹性特征，形成了从单轴、单进、单核到多轴、多进、多核的簇团化组合群体，灵活性极高，可适应传统宗法体系以及民间多样功能需求，因而风土院落空间被先民长期采纳并延续至今，甚至可称为中国传统

1. 常璩. 华阳国志 [M]. 唐春生，等译. 重庆：重庆出版社，2008.
2. 班固《汉书》，据世界书局《前四史》影印本影印（1997年）。
3. 陈世松. 四川通史（第五册）[M]. 成都：四川大学出版社，1993.
4. 常璩. 华阳国志 [M]. 唐春生，等译. 重庆：重庆出版社，2008.

建筑空间体系的主体。总体来说，风土院落空间承载着传统的民间生产生活，人地关系多样，具有非专业性与歧义性。

特殊的气候环境、多样化的地形地貌、丰富的物质资源以及多元复杂的文化环境赋予巴蜀地区风土院落空间不可磨灭的特色性。对巴蜀风土院落空间特色的研究，从地域文化环境入手，立足于巴蜀地区物质建成环境整体，以巴蜀风土建筑的院落空间为研究主体，尝试建立巴蜀风土院落空间特色研究的主体性地位。这些风土院落空间类型复杂，在科学艺术和历史文化方面皆具重要意义。作为一种鲜活的文化技术建成实体延续至今，其空间文化原型与营建经验必定会有助于当今富含地域特色和民族特色的新建筑的创造。同时，本书提出了巴蜀风土院落空间特色研究的关键性方法与路径，初步构建了巴蜀地区风土院落空间的特色谱系，以期能在一定程度上拓展风土院落空间的研究方法，为风土建筑的传承与保护发展提供理论依据，为地域建筑文脉的正本清源提供可借鉴的依据。

第二节 巴蜀风土院落空间的研究综述

一、有关巴蜀地区历史文脉的基础性史学著述

史上先秦魏国人士托名大禹编撰的《尚书·禹贡》、东汉班固编撰的《汉书·地理志》、东晋常璩编撰的《华阳国志》、西晋陈寿编撰的《三国志》、南朝宋范晔编撰的《后汉书》、明朝

杨慎编撰的《全蜀艺文志》，近当代段渝等的《四川通史》、陈世松的《四川简史》、蒙默的《四川古代史稿》以及王刚的《清代四川史》等，这些著述都把史学当作主体，从政治、社会、文化、经济等维度来阐述巴蜀地区的社会发展历程。

有关巴蜀地区风土院落空间的地域文化研究：20世纪30年代，成都平原的"三星堆文化"被发现，学术界逐渐开始重视巴蜀文化。由于考古的深入与相关文献的研究，至80年代末期，有关巴蜀文化的源起、迁徙、散布以及初期社会、经济、文化等的研究成果已经初具体系，童恩正的《南方文明》和《古代的巴蜀》较有代表性。至90年代，更多学者从社会学、人类学、文化地理学等人文学科领域对巴蜀人文历史展开了跨学科研究，如蓝勇的《西南历史文化地理》、谭红的《巴蜀移民史》等，这些著述对于巴蜀地域文化的起源、发展及特点看法不一。

二、有关巴蜀地区风土院落空间的人类学研究

20世纪早期，日本人类学家鸟居龙藏曾到湖南、贵州、云南、川蜀地区考察苗族、瑶族、彝族，著有《中国西南部人类学问题》。日本建筑史学家伊东忠太也曾到访西南，出版《东洋建筑研究》。两位学者均对西南地区的历史文化、建筑形态有所研究。近年来，出于文化研究热潮，一些学者从宏观视角研究东亚文化的缘起、发生与发展，对于东亚文化内部各亚文化圈的关联，如日本人类学家佐佐木高明、美国人类学家张光直等认为西南地区的历史、地理环境及其传统建筑具有重要意义。在建筑学界，有关巴蜀地区风土建筑的研究著述可溯源到1941年著名建筑学家刘敦桢发表

的《西南古建筑调查概况》，首次把风土建筑作为独立类型来研究；随后，20世纪40年代，刘致平先生的《中国居住建筑简史》也提及四川居住建筑。经不断开拓、构建及深入，巴蜀地区风土建筑在形制、结构、材料、构造细部、传统工艺、建成环境等实态性研究方面均取得显著进展，学术水平较高，如四川省建设委员会等编写的《四川古建筑》、四川省文物考古研究院编写的《四川文庙》、季富政先生的《巴蜀城镇与民居》、陆元鼎先生的《中国民居建筑》、曾宇的《巴蜀园林艺术》、陈蔚的《巴蜀会馆建筑》等。随后，学术界在中国风土建筑研究这一论题上广泛吸收西方文化地理学、人类学、民俗学等相关理论，一批建筑空间与文化的经典翻译著作出现，如美国建筑与人类学研究专家阿摩斯·拉普卜特（Amos Rapoport）的《宅形与文化》、意大利建筑历史学家布鲁诺·塞维（Bruno Zevi）的《建筑空间论》、意大利著名建筑大师阿尔多·罗西（Aldo Rossi）的《城市建筑学》、英国建筑学家布莱恩·劳森（Bryan Lawson）的《空间的语言》等。这种从多学科交叉的研究方法对巴蜀风土建筑研究的影响较为显著，以往的研究多局限于风土建筑的形态、技术以及社会经济背景，这一时期则触及文化层面，如李先逵先生的《四川民居》、张兴国先生的《川东南丘陵地区传统场镇研究》。对风土建筑地域特色的分析，从平面空间组合关系、空间结构要素构成及其人居环境的地理人文因素与审美心理特征上尽可能地挖掘风土建筑的文化内涵和理论价值。杨宇振教授在他的博士论文《中国西南地域建筑文化研究》中深入解析了西南地域文化格局，按照地理空间、气候特征、生产生活方式、文化发展等因素把西南地区分成三大典型文化区域，再在各区域内研究建筑文化的发展，经大量实地调研与文献梳理后指出西南地域内物质建成环境整体的三种主要建筑类型为"邛笼""干栏""合院"[1]。

近年来，得益于多学科理论的交叉研究成果，关于传统建筑院落空间的研究也得到极大的扩展，如侯幼彬先生的《中国建筑美学》、李允鉌先生的《华夏意匠》、王贵祥先生的《东西方的建筑空间——传统中国与中世纪西方建筑的文化阐释》、眭谦先生的《四面围合：中国建筑·院落》等。近年来，以重庆大学建筑城规学院为代表的西部院校的诸多学者也从社会、文化、技术类型等角度对巴蜀风土建筑进行了相关论述，多涉及巴蜀风土院落空间，如《巴蜀传统建筑地域特色研究》《重庆地区传统天井建筑初探》《成都平原场镇风土建筑研究》等。以哈尔滨工业大学、湖南大学为代表的国内诸多院校的学者也相继对全国各地区风土院落空间的缘起、结构、特质等因素进行国内外比较研究、全国范围内的综合研究、类型研究以及文化研究，如《传统民居院落空间的再演绎》《川南乡村传统民居院落空间研究》《关中民居院落空间形态分析及应用》《青海河湟地区庄廓民居院落空间形态研究》《陕南石泉古城区老街及民居古院落空间形态研究》《中西古代庭院空间比较研究》等。

这些成果为深入研究巴蜀风土院落空间奠定了有力的学术支撑，为巴蜀风土院落空间研究提供了坚实的社会学、地理学、文化学理论基础。

---

1. 杨宇振. 中国西南地域建筑文化研究 [D]. 重庆：重庆大学，2002.

第三节　巴蜀风土院落空间的研究重点与价值

　　关于巴蜀风土建筑与院落空间的特色研究，许多学者在各自领域都取得了丰硕的研究成果。从史论学的角度出发，以院落空间研究为主体，运用田野考察、遗址调研、文献研究、类型研究、技术研究等多学科交叉整合的研究方法[1]，系统全面地分析巴蜀风土院落空间特质的研究却鲜有出现。这些丰硕成果大多是实态性研究或者强调巴蜀建筑空间在社会、经济、文化、历史、形态、技术等领域的投影。这个角度固然毋庸置疑，但视角不够全面，导致巴蜀地区风土院落空间的主体性被忽视，这种研究方法往往以对社会、经济、文化、历史、形态、技术的考察来代替对院落空间本身的考察。对巴蜀地区风土院落空间的研究被社会、经济、文化研究所取代，而对其自身发展规律缺乏系统、深入的论述，如巴蜀风土院落空间形态的缘起与发展、院落空间发展的影响因子与作用方式、院落空间的构成要素及其类型特征、院落空间与地域习俗的联系、院落空间所隐含的礼俗规制文化、院落空间与行为规范的关系等方面，导致我们使用与体验的风土院落空间被高度抽象化。

　　本书从史论的角度出发，以个案测绘调查为基础，立足于巴蜀地区物质建成环境整体，以院落空间研究为主体，采用田野考察、遗址调研、文献研究、类型研究、技术研究等多学科交叉整合的研究方法，通过巴蜀风土院落空间的发展演变、巴蜀风土院落空

---

1. 李晓峰. 乡土建筑——跨学科研究理论与方法 [M] . 北京：中国建筑工业出版社，2005：10.

间的类型特征、地理气候环境与巴蜀风土院落空间、政治经济环境与巴蜀风土院落空间、民俗文化环境与巴蜀风土院落空间、巴蜀风土院落空间的地域构筑技术、地域合力影响下的风土院落空间特色这一条技术路线，系统全面地分析巴蜀风土院落空间的特质，在尝试梳理其既有风土院落空间共性的同时发掘出由地理气候、政治经济、民俗文化共同形成的巴蜀地域文化特征。通过对巴蜀风土院落空间的类型特征与民间技术的研究，进一步将视角转向其物质形态特色及营建技术特色，最终提出巴蜀风土院落空间研究的方法与途径，希望能在一定程度上深入拓展巴蜀风土院落空间特色的研究方法，为风土建筑的继承和保护提供理论基础，为现代建筑空间设计提供传统空间与文化依据。

一、研究重点

（一）关注大历史视野下的巴蜀风土建筑，系统地阐释其院落空间的文化技术特色

本书以建筑史论学为基础，建立在田野调查与技术深描的基础之上，立足于巴蜀地区物质建成环境整体，以院落空间作为研究主体，在研究问题、内容、方法上尝试融合考古学、地理学、文化学、类型学、图像学及政治经济学等多学科视野，系统、全面地阐释巴蜀风土院落空间的文化技术特色。

（二）在风土建筑历史现象描述的基础上，关注院落空间历时性的动态发生学分析

立足于院落空间的发生学考察，关注巴蜀风土院落空间的发

展演变；通过风土院落空间的概念与早期发展、考古器物中反映
的风土院落空间、明清巴蜀民居院落空间特色的发展，梳理巴蜀
风土院落空间在时空流变中的特色发展。

（三）在风土建筑类别形式特征的基础上，关注院落空间共
时性的多元类型归纳

立足于院落空间的类型学考察，关注巴蜀风土院落空间的类
型特征；通过巴蜀风土院落空间的基本格局类型、巴蜀风土院落
空间的使用功能类型、巴蜀风土院落空间的材料构筑类型，归纳
巴蜀风土院落空间的特色类型。

（四）在风土建筑应对自然环境的基础上，关注院落空间适
应环境变化过程的探究

立足于院落空间的地域因子调适，关注地理气候环境作用下
的院落空间；通过巴蜀地理环境与风土院落空间、巴蜀气候环境
与风土院落空间、巴蜀地理气候环境与风土院落的生产生活空间，
探究地理气候环境对巴蜀风土院落空间的特色调适。

（五）在风土建筑应对社会环境的基础上，关注院落空间适
应多元制度模式的探究

立足于院落空间的地域因子调适，关注社会经济环境作用下
的院落空间；通过巴蜀社会经济环境与风土院落空间、巴蜀民间
防卫安全与风土院落空间、巴蜀士绅官贾团体与风土院落空间，
探究政治经济环境对巴蜀风土院落空间的特色调适。

（六）在风土建筑应对文化环境的基础上，关注院落空间适应民间观念惯习的探究

立足于院落空间的地域因子调适，关注民俗文化环境作用下的院落空间；通过巴蜀民间信仰与风土院落空间、巴蜀风俗惯习与风土院落空间、巴蜀文化交融与风土院落空间，探究民俗文化环境对巴蜀风土院落空间的特色调适。

（七）在风土建筑地域技术表达的基础上，专注于院落空间的特色文化技术解析

立足于院落空间的营造学考察，关注巴蜀风土院落空间的地域构筑技术；通过院落空间的木构连架技术、院落空间的生土墙构筑技术、院落空间的空斗墙砌筑技术、院落空间的屋顶构造技术，解析巴蜀风土院落空间材料营建的特色技术。

二、研究价值

（一）现实价值：院落空间研究是地域建筑设计和遗产保护修复的基础技术工作

本书对巴蜀风土院落空间的发展演进、类型形制、地域调适及构筑技术进行系统总结与分析，为成渝经济圈城乡社会的公共建筑及住屋宅形设计提供了基于在地技术的原型依据和基于功能形制的特色形式借鉴。因此，一方面，作为一种延续至今的文化技术建成实体，必然会为我们今天创造具有地域特色和族群特色的新建筑提供最有力的空间文化原型与营造技术经验；另一方面，合理运用本书总结的特色成果，能够有效改善巴蜀地区风土建筑遗产保护及修

缮维护的状况，避免院落空间的修缮性破坏，并对巴蜀风土院落空
间营造技艺这一非物质文化遗产的保护传承具有推动作用。

（二）理论价值：补充巴蜀风土建筑空间谱系史，拓展院落
空间文化的研究内容

本书系统阐释了巴蜀风土院落空间的文化技术特色，指出文
化技术特色是解开院落空间现象与本征的密钥；提出了巴蜀风土
院落空间特色研究的关键性方法与路径，初步构建了巴蜀地区风
土院落空间的特色谱系史，为风土建筑的传承与保护发展提供理
论依据，为地域建筑文脉的正本清源提供可借鉴的基础；阐释了
巴蜀风土院落空间不仅具有历史文化价值，还饱含科学艺术价值；
确立了巴蜀风土建筑在西南传统建筑技艺体系中的独特地位，进
一步佐证了巴蜀文化圈的特色存在，为其他学者开展巴蜀地区文
化研究提供了材料。

（三）基础资料与参考价值

本书全面系统地分析了巴蜀风土院落空间的特质，尝试梳理
巴蜀风土院落空间的传统建筑空间共性，探析由地理气候、政治
经济、民俗文化共同形塑的巴蜀地域文化空间特色。首先，对巴
蜀风土院落空间的发展演变及类型形制进行研究，并进一步将视
野转移至分析、总结巴蜀地区风土院落空间的地域形态特色及其
营造技术特色，最终提出巴蜀风土院落空间研究的方法与路径，
以期能促进对巴蜀风土院落空间研究的深入拓展，为风土建筑的
传承和保护奠定数据资料基础，为地域建筑空间设计提供特色形
制参考。

第四节 巴蜀风土院落空间的研究方法与路径

巴蜀风土院落空间特色研究应兼具对"史"的客观描述与对"论"的归纳演绎。其中，"史"的基础工作包括田野考察获得的资料数据、相关古代文献和地方志资料、整理后的文字图表与测绘图纸等；"论"是以一定程度理解具体研究对象为基础，结合具体研究手法，在相关学科研究的基础上归纳演绎相关结论。本书在此基础上采用了以下研究方法：

以历史学为基础的文献研究。主要包括相关古文献、理论著述、近当代研究、学术期刊、前沿导报及网络资源，通过梳理本研究领域现有的理论方法和相关案例，初步了解与把握相关学科知识体系，了解并借鉴已有成果，结合巴蜀地区实例，突出院落空间特色研究的特点。

以类型学为基础的田野调查。根据收集的资料，以初步框架为基础，选择巴蜀地区及周边村寨、场镇、城市的院落空间进行田野调研考察，有效结合史料，深入研究其现状并听取专家学者的意见来选择案例，力求一定的典型性与代表性，尽可能获得全面翔实的一手资料。

以比较学为方法的归纳总结。通过对典型案例的比较研究，分类整理收集的成果，形成比较完善的研究框架和理论体系。以系统论为思路的方法，通过系统性研究巴蜀风土院落空间的缘起、发生、发展，进而厘清院落空间的秩序及内在特质；根据整体性研究思路，以比较学的方法系统研究巴蜀地区不同社会、地理、文化因素影响下的院落空间。以问题为导向的方法，分析既有问题，结合理论与实践进一步研究，针对问题提出解决途径。

诚然，在行文过程中，笔者还使用了其他研究方法，如借鉴和吸收考古学、人文地理学、文化学等，使各学科在理论上互相交叉渗透，最终形成本书的技术路线（图1-2）。

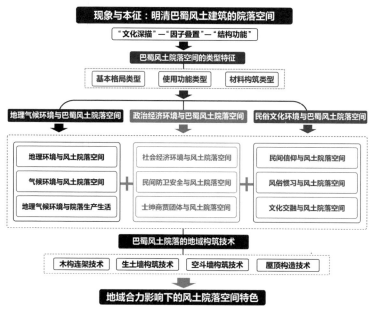

图 1-2 技术路线图

第五节 巴蜀风土院落空间的演进发展

风土院落空间是我国传统建筑空间的典型形式，承载着千年来中国文化的传统，院落空间的发展演变可追溯到原始先民的栖身之所。从早期的自然洞穴到半穴居的窝棚，从原始巢居到方形公屋，中国各区域多样的地理气候环境与民族文化习俗深刻影响了风土建筑的院落空间形式。作为一个特殊的文化地理单元，古代巴蜀地区具有独特的文化内涵与技术特色，迄今为止，考古发掘的众多实物例证，诸如壁画、画像石、画像砖以及明器陶楼等，皆反映出了古代巴蜀丰富多样的风土院落组合、构造做法、装饰纹样等地域文化技术特色。

一、风土院落空间的概念与早期特征

中国风土建筑的院落空间源远流长，至今仍生机勃勃。古代典籍《考工记·匠人》《营造法式》《营造法原》《园冶》等直接论述了其营造技术，与院落空间相关的古代文献更是数目众多，诸如《洛阳伽蓝记》《素园石谱》《履园丛话》等[1]。这些文献典籍为院落空间的溯源及发展提供了宝贵信息。

"院落空间"可基本解释为房屋与空地相结合的建筑空间形态。从最为恢弘的皇家故宫到普通庶民的三合院，在中国，除个别情况，院落几乎涉及所有建筑类型，同人和社会密切关联。《广雅》中说："院，垣也。"《增韵》中说："有垣墙者曰院。"《辞源》有言："院者，周垣也。""院落空间"即用墙垣围合的堂下空间形态，是一处凭借其他构筑形态围合而成的对外封闭、对内开敞的空间模式。

风土院落空间的布局形式可上溯到石器时代的史前文明。在黄河流域，先祖们用木架和草泥修建简单的半穴居住宅，从半坡

---

1. 眭谦.四面围合：中国建筑院落 [M].沈阳：辽宁人民出版社，2006：6.

遗址发掘的圆形房屋、方
形房屋基本都是半穴居，
房屋以南北向为轴线围成
院落的空间模式（图1-3）
已初见端倪。在长江流域，
因潮湿多雨，建筑多采用
竹木结构。古史有载："下
者为巢，上者营窟"[1]，
即在地势低且潮湿处造巢
居，地势高且干燥处建半

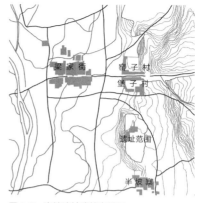

图1-3　半坡遗址建筑布局图
（来源：作者改绘自《西安半坡》）

穴居。随着文明的演进，早期住屋形式从巢居逐步演化为"干
栏式"木构建筑。河姆渡遗址的建筑式样就是典型的"干栏式"
（图1-4）[2]。这种底层架空、带长廊的长屋式建筑空间组织简单
流畅，便于原始生活、劳作，成为南方潮湿区域古文明时期的典
型空间模式。这种空间模式伴随着王权对于复杂建筑的需求，呈

图1-4　河姆渡干栏建筑复原模型

1. 孟子 . 孟子 [M]. 杨伯峻，译注 . 北京：中华书局，2005.
2. 浙江省文物考古研究所 . 河姆渡 [M]. 北京：文物出版社，2003.

现出组合特征，逐步发展演变为早期的廊院式建筑。最为典型的如偃师二里头夏朝遗址发掘的宫殿遗迹（图 1-5）及岐山凤雏西周宫室遗迹（图 1-6），平面布局坐北朝南，四周有廊庑相连，布局井然有序，属于早期院落空间类型的代表。

　　从穴居、巢居到半穴居建筑、干栏式建筑，再到廊院式建筑，随着生产力的提高与文明的演进，先祖们开始营建功能组织更为复

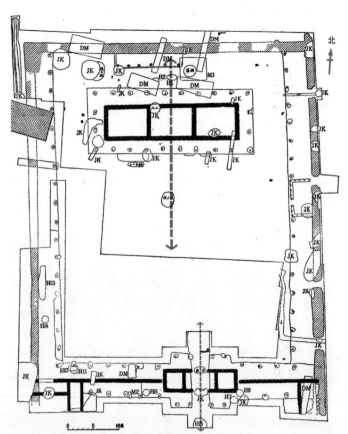

图 1-5　偃师二里头遗址一号宫殿复原模型
（来源：《甘肃秦安大地湾 901 号房址发掘简报》）

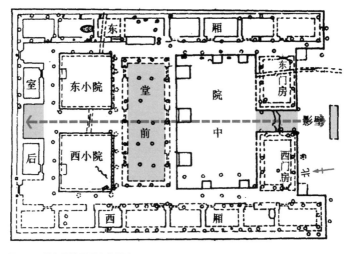

图 1-6　岐山凤雏西周宫室遗迹
（来源：作者改绘自《中国重要考古发现》）

杂的院落建筑，建筑技艺在探索中逐步提高。此时，除了遮风避雨、趋利避害的基本功能，院落建筑渐渐融入了地域文化与民族审美等因素，为明清时期风土院落空间的多样化奠定了历史基础。

二、考古器物中反映的风土院落空间

　　巴蜀地区的地理环境复杂多样，民族文化多元融合，物质资料、生产力水平也不尽相同，这使得巴蜀地区风土建筑的形式丰富多彩。同时，从历时性的角度考察，随着时间的推移，这种空间形态的差别亦在不断变化。笔者认为，历史时期的巴蜀风土院落空间研究的重点不在于详尽列举风土建筑的形式、结构，而是探索这些风土院落形式的空间特点与时间变化的关系，并梳理造成这种差别、变化的社会文化与自然环境成因。

新石器时代的广汉三星堆文化遗址中已出现长方形的建筑平面，且房屋分布密集，一般房屋面积10余平方米，最大60余平方米，这种大房间可能用于召集生产或分配议事。房屋遗迹多北向入口，门前有敞廊过渡。这些房屋的布局围合形态明显（图1-7），由房屋围合而形成的空地上存有大量灰坑遗迹，这种布局模式可称为院落空间的雏形。

成都十二桥发掘的商周时期的古建筑遗存，是典型的干栏式建筑（图1-8）。据建筑遗迹可见，用圆木打桩，桩上排列龙骨，龙骨上铺地板，建筑的木质地梁加工较为规整，方形孔眼的几何形状规矩，大小一致，说明当时的木构技术已较成熟。至战国时期，巴蜀地区出土的作为陪葬明器的陶制房屋均为更成熟的干栏式建筑，这种形态的建筑很好地适应了巴蜀地区多雨潮湿的气候环境，为以木构体系为主的巴蜀风土院落空间地域特色的发生与发展提供了历史依据。

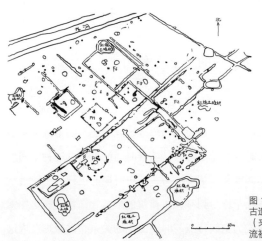

图1-7　三星堆建筑考古遗址平面布局图（来源：《巴蜀民居源流初探》）

图 1-8　十二桥遗址遗迹分布平面
（来源：《成都十二桥商代建筑遗址第一期发掘简报》）

　　秦灭巴蜀后，巴蜀故地设立巴、蜀、汉中三郡，其规模与形
制皆"与咸阳同治"。巴蜀地区受中原文化的影响，这种文化的
交流最终促进了巴蜀建筑的长足进步。据《华阳国志》记载，秦
时蜀郡修建，"与咸阳同制"；两汉时期，渝州山城"皆重屋累居"[1]。
近代考古学资料表明，巴蜀出土了大量的汉代画像石、画像砖和
明器陶楼（图 1-9），以实物的形式记录了巴蜀风土院落的群体

1. 常璩. 华阳国志 [M]. 唐春生，等译. 重庆：重庆出版社，2008.

045

图1-9　汉代明器陶楼中的院落空间

组合、装饰纹样等建筑特征和地域性风格。如出土于成都郊区的汉代画像砖，翔实地记录了汉时成都一座普通风土建筑的全貌（图1-10）。

该住宅由两部分组成，左侧部分为主人对外接待的外院，右侧是主人日常生活起居的内院，是该院落的主体。该风土院落的入口处是一个悬山屋面的小门廊，门廊两侧有两根楹柱，门扇是汉代广为流布的木制直栅栏。门廊后有小院，院子里有两只鸡正在争斗，穿过小院经过厅进入

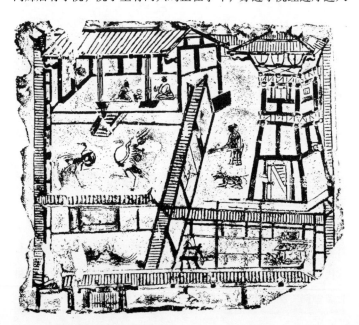

图1-10　汉代画像砖上的民居院落空间
（来源：《汉代画像石与画像砖》）

主院。正面厅堂建在一个台基上，高出室外数个台阶。院落内有两只开屏孔雀，可能是主人宴请宾客的助兴节目。主人和客人皆席地而坐，这反映了当时尚未使用高脚家具的生活习俗。

左侧正厅堂为三开间，根据古代宗法礼制要求，士族以下阶层所用建筑不可超过三开间，可看出这是一户下级官员或者家境殷实者的宅院，在当时的风土院落空间中极具代表性。该厅堂的屋面为悬山式，大木结构为抬梁式，柱脚有柱础。院子四周皆围以木构双坡回廊，这反映了早期院落空间的廊院式空间模式，如陕西西周宫殿遗址中的廊院式。

右侧部分也由前后两进院落组成，前院用作厨房和佣人起居，有小门和入口将小院连通，货物运输与仆人进出无须绕主要院落，功能布局合理，流线清晰。后院有一人正在打扫院子，一只狗在旁边。院落四围封闭，有小门可出入，提示此地为财产重地和私密之区。后院的重要建筑为一座四坡顶方形高楼，屋顶檐角挑起，脊饰张扬多变，楼层为 3 层，屋面构造是汉代典型的两阶排水做法。檐口下饰以斗栱，这些斗栱直接搁在柱头上，横栱为汉代典型的向上弯曲式，清式的一斗二升和一斗三升形制与之类似，这说明斗栱已成为高大建筑木构连架的重要组成部分。转角处由悬挑弓形梁支承，顶层视野开阔，窗棂灵透，光影回旋，这与秦汉之际神仙方士之说盛行密切相关，如此高耸的亭台楼榭均为满足这种如临仙境的居住体验。《淮南子·时则训》有载："禁民无发火，可以居高明，远眺望，登丘陵，处台榭。"建筑中层为封闭空间，按照汉代的规制习俗，应是贮存粮食的库房，底层为看守人的住房。该风土院落分为前院、主院、后院、杂物院四部分，各部分功能明确，流线清晰，为唐宋乃至后世巴蜀地区院落住宅的发展演变提供了最有力的实物证据。

三、明清巴蜀风土院落空间特色发展

明清时期是巴蜀风土院落发展的繁盛期，虽然巴蜀地区在这期间经历了若干次战乱，但经长期的休养生息，生产生活逐渐恢复。加之史上几次大规模移民活动使人口不断增多，为风土院落的再次兴起提供了转机。这样的背景促进了建筑院落的大量营建，使巴蜀风土院落的南方建筑特征愈发显著，穿斗木构连架也在民间建筑中成为结构体系的主体，诸如四川阆中现存的大量明清风土院落群（图1-11）。

元明时期，经过历代技艺的积累，风土院落的特色空间组织以及模式语言显露日趋成熟。从元末明初的北方抬梁式结构为主变成了明末清初的以木构穿斗结构为主，院落空间的平面布局也逐渐完善，多天井的院落往往以天井院坝为枢纽中心，轴线纵横交错，内外有序，主次分明（图1-12）。

巴蜀风土院落兼具南北特色，既具备北方合院的封闭性特

图1-11 阆中明清时期风土建筑院落空间

图 1-12 19 世纪末期英国学者在巴蜀地区考察的民间天井院落空间
（来源：Isabella Bird, *The Yangtze Valley and Beyond*, 1899）

点，又融合了南方敞厅、敞廊及封火墙的特点，大型风土院落空间还有花园、绣楼、碉楼、戏台等。移民与休养生息政策造成巴蜀地区人口增多，生产构成也产生了剧变，从事小商品经济的人口比例提高，繁荣的场镇、密集的城镇建筑使商业街成为城镇建筑布局的主要组织方式，店宅式的院落空间平面也逐渐成熟（图 1-13）。其中，"天井"空间既是采光、通风的"气口"，又是纳凉、休息的"共享空间"。巴蜀地区形成了富有特色的多功能"井院"建筑空间，紧凑、多进且与地形结合巧妙（图 1-14），较大地丰富了空间形式，风土建筑形制日趋成熟定型。该时期，巴蜀各地受移民文化影响，大量修建会馆院落，融合外省的地域

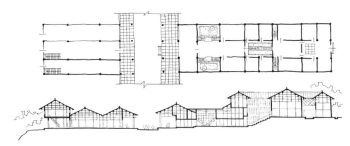

图 1-13 四川广安肖溪镇正街的店宅
（来源：《四川民居》）

图 1-14 四川阆中杜家院子天井空间

图 1-15 四川自贡西秦会馆组合式戏楼
（来源：Ernst Boerschmann, *Baukunst
and Landschaft in China*, 1923）

图 1-16 湖广会馆多进院落空间

文化，装饰华丽且规模宏大，风格不一。如自贡西秦会馆组合式戏楼的院落空间（图 1-15），重庆湖广会馆多进纵深的院落组合等（图 1-16），皆显示巴蜀院落空间自成一家的地域特色，饱含创造性。

总的来说，该时期的巴蜀风土建筑经过历代技术和文化累积后产生了浓郁的地域性特色。在结构方面，穿斗式与抬梁式并行，穿斗结构的木构连架盛行，极大地丰富了风土院落的空间形式，院落空间组织形制也渐趋成熟。在下文的论述中，我们将结合具体实例分析巴蜀风土建筑的院落空间特色。本节将从总体上探讨巴蜀风土院落的特征及其繁盛的动因。

（一）巴蜀风土院落的总体特征

1. 营造技术制度化

经过多年传承和经营，加之对移民文化的创新与改良，巴蜀地区的民间匠作技术形成了较为独立的构造体系，与北方的营造体系大相径庭，且技术已非常成熟，由此发展出了一套以穿斗构架为主，"因地制宜、就地取材、因材设计、就料施工"的完整的建造方式（图1-17）。

图1-17 酉阳龚滩古镇民居院落木构架体系

2. 平面布局成熟化

巴蜀风土院落兼蓄了南、北方布局特点，以"平面灵活、变化有序、内外结合、层次丰富"为特色，平面布局的宗法秩序、生活流线以及使用功能更加完善，可适应明清时期日常生产生活的多种功能需求（图1-18）。

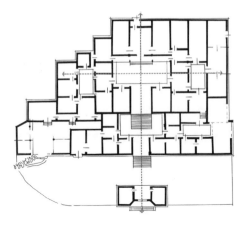

图 1-18　重庆沙坪坝秦
家岗周家院子平面图
（来源：《四川民居》）

图 1-19　巴蜀风土民居院落的空间形态
（来源：Sidney D. *Gamble Photographs*, Hotel Courtyard, Sichuan,1908-1932）

3. 空间形态地域化

随着技术逐渐成熟，这一时期巴蜀地区大量兴建大型风土院落，形态变化也较为丰富，形成了"外封闭、内开敞、大出檐、小天井、高勒脚、冷摊瓦"的特色（图 1-19）。

（二）巴蜀风土院落繁盛的原因

1. 整体建成环境的动因

巴蜀风土院落虽地处巴蜀，但作为中国传统风土建筑的一个重要部分，仍会受到中原等地的风土建筑文化技术的影响。明清时期，建筑文化与技术总体上日趋完善，达到顶峰，为巴蜀风土院落的鼎盛奠定了社会环境基础。

2. 物质经济交流的动因

明清时期的巴蜀地区历经多次动乱，致使"有可耕之地，而无可耕之民"，良田变荒地。对此，政府通常从外地移民来补充劳动力。出于频繁的移民活动、特殊的地理位置，贸易交流广泛，巴蜀地区的多条文化贸易路线应运而生，诸如史上著名的蜀身毒道、茶马古道以及川盐古道等，这些贸易路线的开辟在很大程度上带动了区域的社会经济发展。总的来说，这种政策性的移民活动与贸易路线为巴蜀地区引入了技术、劳动力以及财富，为巴蜀风土院落的鼎盛提供了政治经济上的条件。

3. 巴蜀地域文化的动因

从三星堆文化到金沙遗址，历史时期的巴蜀地区经历了漫长的文明演进，文化艺术与科学技术繁茂发达，促使地域建筑文化的文明累积更为复杂精妙，这种丰厚的地域文化最终决定了明清时期巴蜀风土院落的鼎盛。

第二章 | 巴蜀风土院落空间的形制类型

明清时期，一方面生产力的提高极大丰富了巴蜀地区的物质资料与文化生活，建筑文化作为日常生活的重要组成部分也得以丰富，风土院落亦因而兴建，散布在平坝河谷地区；另一方面，移民活动带来新的建筑文化与地方习俗，巴蜀风土院落空间受到移民文化的深刻影响，进而逐渐融合了其他地区的风土建筑文化。刘致平在《中国居住建筑简史》中著述："……川中清代住宅的制度受陕西、华南的影响很多……各省移民全有其自己的风俗习惯……但从今天的住宅上看，他们的制度已经融入一炉，全是大同小异……"巴蜀风土建筑在融合移民文化的基础上结合该地区农耕生活与商业贸易，并深深根植于自身特殊的地形地貌与社会环境，从而形成了类型多样、特征鲜明的院落空间。

要了解巴蜀风土院落空间的类型特征，必须观照以下三点：巴蜀地区的地形地貌及其气候环境，巴蜀地区的地域文化传承、交流以及巴蜀地区的生产力水平及其材料技术。在考察、解读巴蜀风土院落空间的类型特征时，笔者将通过"基本形制—使用功能—构筑材料"三位一体的类型学特征来探究上述三方面内容。

第一节　巴蜀风土院落空间的基本类型

巴蜀地区广阔的山地丘陵环境中，呈现出"大分散、小聚居"的聚落特征，风土建筑的基本类型可分为一字院、曲尺院、三合院及四合院。在商业贸易频繁的沿江场镇中，由于人口密集，有限用地内的建筑密度加大，这时，场镇中出现了天井式院落布局。

结合地方气候、地形地貌和文化惯习，这种井院式格局衍生出了形态多样、种类复杂、灵活实用的院落空间，巴蜀地区的绝大多数生产生活皆是围绕这种形式多变的院落空间展开的。

一、一字形院

一字形院落空间（图 2-1），俗称"敞院坝"，房子呈一字形横向组合，通常为三间或五间。正屋大多位于夯土平整后的地基上，民间也称"座子屋"。正屋中间叫作堂屋，地面直接落地，不设木地板，上不设天花，屋顶梁架暴露。堂屋是核心空间，"天地君亲师"牌位或祖先牌位供奉于屋内，也在此举行家庭仪式，还用于接待亲朋好友。堂屋两侧为"人间"，用于居住，人间下铺木地板，上设天花板，形成阁楼，常在一端或两端山墙搭偏房，设厨房、猪圈、厕所等辅助性用房。

图 2-1　巴蜀地区的一字形院落之一

一般做法（图 2-2）为：主屋的当心间一般前墙后退，局部扩大为檐廊，俗称"燕子窝"。檐廊用于农民生活起居、存放农具，并用作内外的过渡空间。屋前有一院坝，供农家加工农副产品、晾晒谷物、生产生活。

图 2-2　巴蜀地区的一字形院落之二

根据不同限定要素，一字形院落空间模式可分为两种。

正房与院坝组合型（图 2-3）：这种院落由正房和房前的院坝组成，院坝四周一般种植树木或经济作物。

正房与院墙组合型（图 2-4）：这种院落由正房、房前院坝

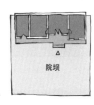 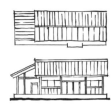 

图 2-3　巴蜀地区正房与院坝组合的一字形院落

图 2-4　巴蜀地区正房与院墙组合的一字形院落

及院墙组成，院墙有效增强了院落的私密性，具有一定的隐蔽、
防盗等作用。

二、曲尺形院

曲尺形院落（图 2-5）因平面的形状像曲尺，又称"尺子拐"。
平面由一横一顺式组成，即一正屋加一耳房，一般为三间正屋加
两间耳房。巴蜀地区的土家族风土建筑分布普遍，其正房基本不变，
耳房多为吊脚楼形式。

图 2-5　巴蜀地区的曲尺形院落

一般做法为："抹角屋"加建在正屋与耳房相接的地方，在
此设灶台用作厨房；走廊设在耳房靠院坝面一侧，甚至均设于内、
前、外三侧，俗称"转千子"；耳房山墙面做成简化歇山顶或加
披檐，形象地称这种耳房为"龛子"，是民间传统生活中女儿家
对歌、做女红之处；耳房的楼板由吊脚柱支承，耳房山墙面设走廊，
由垂柱支承，走廊上方设披檐（图 2-6），与挑檐相接，既挡风

图 2-6　曲尺形院落的吊脚楼与披檐

雨又美观。

　　根据院坝筑台的不同模式，曲尺形院落空间模式可分为两种：

　　"天平地不平"的曲尺形院落（图 2-7）：这种院落的耳房一般为多个开间，屋顶齐平与正屋相交，但耳房各开间的室内地坪不在一个标高上。

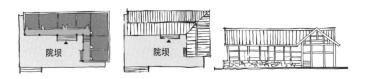

图 2-7　巴蜀地区"天平地不平"的曲尺形院落

院坝 ▲   院坝 ▲

图 2-8　巴蜀地区"逐台跌落"的曲尺形院落

　　"逐台跌落"的曲尺形院落（图 2-8）：这种院落的耳房一般为多个开间，耳房各开间的室内地坪不在一个标高上，这样，耳房的屋顶沿院坝筑台顺势跌落而下，屋顶形态的拖厢效果富有层次。

三、三合院式

　　三合院式平面形似撮箕，故民间又称（图 2-9）"撮箕口"，其院坝由三面围合而成，一正二横，即"三合头"。这种房屋的

图 2-9　巴蜀地区酉阳土家族三合院

图 2-10　渝东南土家族三合院的空间形态

平面一般为正屋三间或多间，两边厢房出两间到三间。厢房形式
为吊脚楼，与正屋围合成一个院坝空间，呈开敞型。巴蜀川西地
区的院坝一般用石砌墙或版筑土墙做院墙，巴蜀川南、川北地区
一般为开敞院坝。

　　一般做法（图 2-10）为：因受制于巴蜀地区的山地地形，三
合院正房和厢房的地面与居住层标高不同，正房设在台基上，耳
房设计为两层，上层是居住用房，用檐廊与正屋相连，下层空间
用来存放农具、杂物或饲养牲畜。

　　三合院院落开阔，空间紧凑完整，根据厢房与正屋的不同组
合模式，三合院的空间模式可分为两种。

　　纵向扩展的三合院（图 2-11）：一般把基地分为若干台地，
院坝分台而下，两侧厢房多为梭厢或拖厢。

　　横向扩展的三合院（图 2-12）：一般在厢房外再列一排平行
于厢房的横屋，中间加条形天井。

图 2-11　巴蜀地区纵向扩展的三合院

图 2-12　巴蜀地区横向扩展的三合院

四、四合院式

四合院空间（图 2-13），民间也称"四合头"。受中原文化影响，

图 2-13　形制规整的酉阳龚滩四合院

巴蜀地区的四合院布局基本对称，形制、格局固定。又因其独特的自然地理环境与民族文化，院落空间相对自由，更注重生活实用性；集建筑组合、房屋围合及屋面衔接于一体，地域特色显著；院落布局紧凑，形制不拘一格，并没有刻意强调轴线对称、坐北朝南等中原合院特征，这种现象都是在自然地理环境、移民文化传播及地域文化等诸多因素共同影响下逐步形成的。

一般做法为：连接正屋与正屋两头厢房的前端形成下厅房，呈现出围绕院坝建房、四方围合的形式；下厅房一般堆放杂物、农具或用作厨房过厅，院落入口"朝门"大多开在下厅房中部，布局呈中轴对称（图2-14）。巴蜀局部地区将三合院的厢房吊脚楼上部连成一体，呈四合院，两厢房的楼下为入口"朝门"。进一步发展，四合院可形成"二进一抱厅""四合五天井"等。

院坝式四合院（图2-15）：受复杂的山地地形限制，这种院

图 2-14　巴蜀地区四合院的空间轴线
（来源：Thomas C.Chamberlin，*Papers of T.C. Chamberlin*，1909—1910）

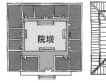 

图 2-15　巴蜀地区的院坝式四合院

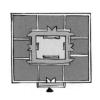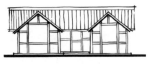

图 2-16　巴蜀地区的天井式四合院

落空间多布局灵活，因地制宜。房屋围合的院坝是一个露天的综合性功能空间，用于家庭生产生活，是联系房屋的枢纽与活动中心。

　　天井式四合院（图 2-16）：这种院落空间多分布在商业贸易频繁的场镇中，一方面由于人口密集，要在有限用地内尽可能增加房屋使用面积，也要兼顾房屋的采光通风；另一方面，在巴蜀地区的地域民俗文化与移民文化的双重影响下，发展出了形态自由、不拘一格、布局灵活的天井院落。

第二节　巴蜀风土院落空间的使用功能类型

　　巴蜀地区风土建筑的院落空间种类繁多，功能庞杂，不胜枚举，诸如农家合院、地主庄园、官宦宅第、寨堡碉楼、商贸店宅、手工作坊、私塾书院、祠庙会馆等类型，有效促进了文化的繁荣与经济的发展。为进一步厘清这些院落空间的特色类型，笔者对其进行功能分类时并不只是从建筑类型学出发，根据建筑平面功能简单分类，而是从"空间—功能—行为"三位一体的建筑社会学角度筛选院落空间的使用功能特色原型，从而归纳总结出宅院式、店宅式、作坊式、寨堡式四种巴蜀风土院落空间的使用功能特色类型。

一、宅院式院落

同中国其他地理文化板块一样，巴蜀风土院落空间最主要的功能是为人们提供日常生活起居的场所，是一种与自然地理环境相调和、与生产生活实践相联系、与民族文化相包容的住居形式。

（一）乡村宅院式院落：受限于地形高差与民间风俗，布局灵活，空间开阔

乡村宅院平面灵活布局，可形成开阔的空间。一方面，由于巴蜀地区多为农业稻作，农耕从事者数量庞大，且林地在山区内呈散点状分布，地势开阔，因而巴蜀农村住宅用地密度相对较小；另一方面，由于院落空间和农业生产生活相关，院落形制不严格遵照宗族法度与礼制观念，多依山就势，因地制宜（图 2-17）。

乡村宅院的住宅规模一般不大（图 2-18），因巴蜀地区崇尚"父子分家，别财异居"，乡村居住建筑多相互独立，松散分布，造型也较城镇住宅自由灵活。农户各家的经济状况以及宗族伦理价值不同，院落空间形成的形制特征也不同。平面格局多为最基本的一字形及曲尺形院落，亦会出现丁字形的院落平面，规模稍大的农家或传统民族风土建筑则会修建"一正两横"的三合院式住宅，规模较大、人口较多的农户则会围合形成四合院。

图 2-17 重庆龚滩古镇某乡村宅院

图 2-18 巴蜀地区某乡村宅院
（来源：Isabella Bird, *The Yangtze Valley and Beyond*, 1899）

066

（二）城镇宅院式院落：受限于商贸与用地面积，城镇宅院空间紧凑，窄面宽，长进深

由于用地紧缺，人口密集，流动频繁，城镇风土建筑多以街道组织布局，或形成纵横网络，或一街贯穿，一般有主有次。街道两侧的城镇宅院大多通过紧凑的天井来组织空间，再以这类天井原型为母题，纵向以垂直主街的轴线串联，最后形成窄面宽、长进深、多进紧凑的院落空间（图2-19），并列排布，错落有致。

图 2-19　20 世纪初美国学者拍摄的重庆风土院落群
（来源：Thomas C.Chamberlin, *Papers of T.C. Chamberlin*, Beach at Chung King, 1909）

巴蜀地区风土建筑的井院比四合院略小，比南方天井略大，既具有北方封闭式合院的特色，又兼容南方的敞厅和小天井，南北特色兼具。对于封闭的院落，以天井、敞厅、挑廊等特色构造连接室内外空间，形成"外封闭、内开敞"的巴蜀城镇宅院特色。这种空间组织手法是住居空间的有效扩展，多用来组织流线，形成内外合一、层次丰富的空间效果，这种空间（图2-20）也很

图 2-20　重庆龙潭古镇王家大院

适应巴蜀地区闷热多雨的气候特点，巧妙地解决了通风采光的问题。

二、店宅式院落

　　巴蜀地区商业繁荣，地少人稠，城镇人口较为密集，由于用地面积限制和商业需求，风土院落的店铺多设于沿街面以便商贸活动。为满足城镇居民的生活起居及商贸经营活动等多种功能需求，沿街而设的店宅式院落应运而生，在巴蜀地区的城镇中较为常见。一般来说，店宅式院落（图 2-21）多为窄面宽、大进深，形成下店上宅或前店后宅的布局。

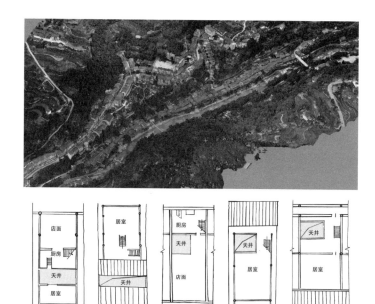

图 2-21　重庆中山古镇数字化模型（上）与店宅式院落平面（下）

（一）前店面、后居住的院落空间

临街布置店面（图 2-22），可营造良好的商业氛围，既利于招揽顾客，又可借用街道空间形成尺度宜人的购物环境，还可以有效减小街道噪声，减少商业干扰，以使后院空间居住舒适。巴蜀地区气候温暖，多雨潮湿，店面大多做成开敞式，不设门窗且挑檐深远，进而店面与街道空间互相渗透。

店面与后部居住空间紧密相连，内外联系十分紧密，布局方式多样。若业主家庭结构简单，以单开间纵深布置居住空间，依次安排堂屋、居室、厨房等。若业主家庭结构复杂，经营内容丰富，

图 2-22　重庆龚滩古镇沿街店宅式院落

亦可扩为多开间店面，居住空间也变得丰富多样。一般做法是围绕天井布置各种空间，形成内聚多天井的院落组合。

（二）底层店面、楼层居住的院落空间

巴蜀地区多丘陵和山地，受地形所限，联排风土建筑进深较浅。为获得更多空间，扩大使用面积，形成了一楼一底或两楼一底的店宅式院落（图2-23）。若业主家庭结构简单，底层用作店铺，楼层用于居住。在一些流线的处理上，必须将底层的功能空间置于店面后，诸如堂屋、厨房、厕所等。若业主家庭结构复杂，

图 2-23　重庆中山古镇沿街店宅式院落

经营规模庞大，临街面亦可扩展为多开间带楼层的店面，后部居住空间单独设置宅院出入口。

经营规模庞大，临街面亦可扩展为多开间带楼层的店面，后部居住空间单独设置宅院出入口。

三、作坊式院落

　　巴蜀地区以手工业生产为主的小商品经济十分繁荣，因而除了部分商人从事纯粹的商品经济流通买卖之外，大部分生产经营活动都是自产自销，这就产生了集生产、销售及居住为一体的风土建筑类型（图2-24、图2-25）。在巴蜀地区，代表性手工作坊有糕点作坊、染房、酿酒作坊、织锦作坊、制茶作坊、铁铺等。

图 2-24 巴蜀地区民间酿酒作坊

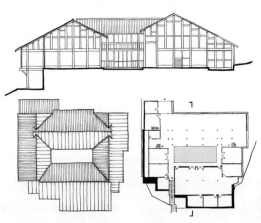

图 2-25 习水土城古镇的酿酒作坊

与店宅式相较而言，作坊式院落的功能组合更为复杂，它的布局重点在于居住空间与作坊空间的协调关系。在传统功能布局上，一般在店面后设作坊，利用单进天井院落组织生产、销售流线，利于操作，也便于管理。大型作坊的空间组合一般借助院坝与天井，院坝提供晾晒加工场地，天井便于采光通风；而小型作坊留出较大空间，仅在店面后进行加工生产，起居空间多设于楼层之上，最大限度地减少作坊对生活起居的影响。

（一）前作坊、后居住的院落空间

这种作坊式院落（图2-26）规模小，不需要大型生产操作空间，产品与原材料大多从店面进出，自产自销，如丝织、糕点、制糖等生产经营活动的小型作坊。

图 2-26　重庆磁器口古镇民间丝织作坊

（二）前店面、后作坊、楼层居住的院落空间

一般将底楼空出，供生产销售之用，住居多设于楼上，产品与原材料另辟后入口，与后街相连，避免运输对营业的干扰，如酿酒、制茶、铁匠铺等需要较大生产操作空间的作坊院落（图2-27）。

图 2-27　重庆龙兴古镇铁匠铺

四、寨堡式院落

　　因复杂的自然地理环境及明清以来的战乱、匪患、移民等因素，巴蜀部分地区存在大量寨堡式院落，是地方大户及其宗族生产生活与日常起居之地，地域特色鲜明，防御特点突出（图 2-28）。寨堡式院落的选址布局以及建筑的空间构造自始至终贯穿着以防御功能为出发点的营建思想，并最终体现在空间上。寨门、寨墙、碉楼、连廊、枪口等诸多防御性要素共同构成了寨堡式院落，各要素充分发挥自身功能，相互联系，形成点、线、面三位一体的空间防御系统。寨堡式院落区别于院墙围合的一般风土院落，大多依附山形，封闭且具有防御一定军事打击的能力。作为一种风土院落，寨堡式院落不同于完全意义上的军事要塞，其主体功能还是服务于居住者的生产生活及日常起居。作为临时庇护所和长期居住场所的寨堡式院落都具有相应的功能空间。按照内部的空

图 2-28　重庆云阳县彭氏宗祠

间组织特点，巴蜀地区的寨堡式院落大致可分为两类。

（一）以家族起居生活为主导的独立式寨堡院落

以家族起居生活为主导的独立式寨堡院落往往结合地形选址布局，将天井、院坝与外围防御体系紧密结合，形成的风土院落空间防御功能突出，呈现出独立院落的特点。

坝之上的寨堡院落的天井、建筑布局方正，轴线清晰，具有仪式感，从功能上来说，一般用作家族居住之所，部分带家祠、私塾等公共建筑性质，如重庆云阳县彭氏宗祠（图 2-29）。寨堡院落地形环境复杂，顺应地形选址布局，寨墙随地形变化，具有"依山就势"的围合特点，易守难攻，防御效果极好。根据地形地貌与实际生活需要，寨堡内通过院坝与天井灵活组织空间，常采用

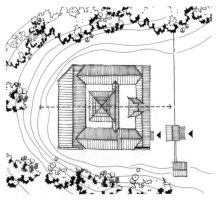

图 2-29　重庆云阳县彭氏宗祠总平面图

图 2-30　广安武胜县宝箴寨

不对称布局和轴线偏移的做法，空间十分自由丰富，如广安武胜县宝箴寨（图 2-30）。

（二）以群落聚居模式为特色的寨堡院落

以群落聚居模式为特色的寨堡院落多出现在农业经济相对发

达、人口较为密集的丘陵、平原地区，整体规模较大，其群体的聚居形式最有特色。这种类型的寨堡院落在选址布局、外部空间环境和风土建筑造型等方面特征较为相似，但在内部空间组织上，根据人员实际需求以及用地情况，空间形态具有较大差异。

与独立式寨堡院落相比，群落聚居模式的寨堡院落更强调群体防御性，群落聚居地外围的寨墙顺应地形地貌修建，多依靠山地地形所形成的天然屏障沿着山崖营建，与山体紧密联系。寨堡院落内部，各个院落之间往往互为掎角，内部的风土建筑类型亦十分丰富，包括庄园、宅院、宗祠、书院、炮台、碉楼等。这些风土建筑类型相互之间既保持一定距离，空间关系又十分紧密。风土建筑之间是满足农业生产和生活所需的农田、果林和水塘，如重庆隆昌县云顶寨（图2-31）。

图 2-31　重庆隆昌县云顶寨

第三节 巴蜀风土院落空间的材料构筑类型

　　巴蜀地区气候温和湿润，自然资源丰富，植被茂密，盛产竹木藤草。风土院落多以木材为主要材料，穿斗木构连架是该地区的主要结构方式。竹筋、草秆也常用作辅助建材，多用于围护结构。巴蜀地区地形地貌丰富多样，盛产大量石材，多用于基础勒脚及墙体砌筑。巴蜀江河多交汇，冲积平原纵横交错，生土作为辅助粘接材料被大量使用，也是重要的建筑材料，部分版筑墙或夯土墙直接用作承重结构，经济实用。总体来说，巴蜀地区的风土院落大量使用木、竹、土、石、草、藤等天然材料，也广泛应用砖、瓦、石灰等人工材料。历经明清时期民间土木构筑经验的长期积累，巴蜀地区的风土建筑土木并济，五材并举，砖石并行，多样的院落空间构筑材料类型由此成熟（图2-32）。

图2-32　渝东北地区某风土院落的辅助用房

巴蜀风土院落的构筑材料类型与该地区的自然地理环境及地域技术关系紧密，在建筑材料的选择、加工、应用及施工构造上均有所体现，是本地生产方式和经济发展水平的真实记录，反映了地域环境下长期形成并传承至今的建筑文化和技术。因此，巴蜀风土院落构筑材料类型不仅是对客观地理特性的反映，更是人地关系的长期累积，人文特性浓厚。

一、木构连架的院落

巴蜀地区植被茂密，盛产松、柏、榕、杉等树木，风土院落空间大都以木构连架为基本结构体系。巴蜀地区木构建筑产生时间较早，木构系统相对成熟，各地建筑工匠的木工技术相对完整、成熟，经验积累丰富，不论抬梁技术还是穿斗构架技术，都能充分利用木材的特点。

由于纯粹的抬梁式结构对木材的要求较为苛刻，在风土院落中并不多见，多用于官式建筑。在风土院落中，巴蜀大户人家多采用穿斗抬梁混合式结构以获取更大的空间，与有限的地形相协调。

（一）空间组合灵活多变的穿斗式院落

穿斗构架（图2-33）是一种具有很强的柔韧性的构架系统，工艺灵活，适应性高，可按照需要调整布局，更好地契合地形，适用于多种建筑类型。其多采用天然木材，用料多但尺寸小，材料构件体量较小，不论柱径还是穿枋的高厚比均远小于抬梁式，取材容易，方便施工，非常适合巴蜀地区小木材多的自然条件，因此穿斗式院落在巴蜀地区最为常见，如重庆龙潭古镇某穿斗院落（图2-34），其院落空间组合巧妙利用了灵活多变的穿斗构架，天井布局收放自如，屋顶轮廓高低错落，空间效果极为精妙。

图2-33 酉阳龚滩古镇某穿斗式风土院落

图2-34 重庆龙潭古镇某穿斗院落

（二）空间组合完整大气的穿斗抬梁混合式院落

在巴蜀大户人家的风土院落中，为克服穿斗构架跨度小、承载低等不利因素，使局部得到更大的空间，将抬梁式与穿斗式两种木构形式灵活组合运用，以适应各种空间的不同要求。巴蜀民间工艺做法：房屋山墙面保留穿斗构架，在需要大空间跨度的房间采用抬梁构架，或在同一排架混合两种构架方式，即排架中部为抬梁，两侧仍是穿斗构架的方式，如四川阆中古城尹家大院轴线上的花厅就采用这种穿斗式与抬梁式结合的混合木构形式，既获取了大跨度空间，又节约了用料，也保持了穿斗式的灵巧，其空间组合也因此张弛有度，俨然有序（图 2-35）。

图 2-35　四川阆中古城尹家大院

二、生土构筑的院落

生土是巴蜀地区多见的建筑材料之一，可就地取材，造价低廉，加工技术简易，不仅具备很好的隔热御寒效果，也具备一定的承载能力。巴蜀传统建筑对生土的利用主要在土筑墙体上，土墙在巴蜀风土院落中较为多见，大到地主庄园与寨堡，小到寻常家的村镇宅院，分布极为广泛。

巴蜀地区湿润多雨，为防止生土被雨水侵蚀，生土墙体多用石砌墙基。由于生土墙自重较重，不利于设置立面窗户，整体较为封闭，一些风土院落搭配其他材料形式，在建筑底层采土筑墙，较高位置则换成自重较轻的材质，如夹泥墙等，与穿斗构架相互组合，相辅相成。根据不同的构造方法，常见形式有版筑墙、土坯墙两种。这种类型的生土院落空间组合厚重有序、紧凑简单、主次分明（图2-36、图2-37）。

图2-36　重庆龙潭古镇江西会馆院落

图 2-37　重庆双江古镇杨家大院

（一）版筑墙构造的生土院落

巴蜀地区在沙土中混合加入竹筋或木片作为骨料，有的地方添加鹅卵石、麻刀灰等，混合夯筑成版筑墙。先民们由于对添加材料的构成比例、版筑程序、工时法度积累了丰富的经验，因而巴蜀版筑墙构造的生土院落可历经百年而屹立不倒。诸如渝东北地区土质松软，黏性不好，且处于山区边远地带，生产力欠发达，至今仍保留着这种一体化施工的版筑厚墙（图 2-38），作为生土院落的承重结构。

图 2-38　重庆渝东北奉节某夯土院落

（二）土坯墙构造的生土院落

巴蜀地区的土坯砖制作具有以下特点："选择湿润的稻田保养土坯，在稻田放水留下稻根，待土壤半干时用石碾压实，稻根就变成天然的骨料，然后再按土坯尺寸划分，晒干后置于房檐下，待次年完全干透后方才使用，土坯砖可分批累积配料。"[1]诸如巴蜀平原地区土层较厚，土质优良，黏性较好，适合做土坯砖。该区域的生土院落（图2-39）常采用施工更便捷、砌筑方式更灵活的土坯墙体。

图2-39　四川阆中古城某风土院落

三、砖石结构的院落

巴蜀山地地形地貌丰富多样，盛产石材，取材方便，质地硬

---

1. 王朝霞. 地域技术与建筑形态——四川盆地传统民居营建技术与空间构成 [D]. 重庆大学，2004.

图 2-40　渝东北
地区某民居院落

实，耐压耐磨，利于防潮防渗。巴蜀风土院落多在需耐磨防潮的区域使用石材，如铺地、台阶、柱础、墙基、墙裙等。经考古发现，陶制砖料约在西周时期已被发现，用于修筑台基、墙体装饰、铺筑地面等。两汉时期，在砖的形制和技术方面均有所探究。魏晋南北朝之后，砖已演变为常见的建筑材料（图 2-40）。明清之后，随着文化技术的发展，巴蜀砖构建筑技术也逐渐成熟。

（一）石材作为基础或墙体结构的院落

巴蜀地区的石料分为毛石料、卵石料、条石料、板材料等。风土院落采用石材砌筑的墙体一般分为毛石墙、条石墙与卵石墙三种（图 2-41）。毛石墙利用垫托、咬砌、搭接等工艺砌筑。卵石墙由干摆工艺砌筑，一般将较大的卵石摆在下面，较小的摆在上面。条石墙对石料加工的要求较高，多采用分层砌筑法。

图 2-41　巴蜀地区风土院落中出现三种石墙类型

　　巴蜀南部区域的风土院落常采用毛石砌墙，麻刀灰勾缝，毛石的自然肌理得以完整体现。毗邻江河台地的村寨多采用岸边的卵石作建筑材料，广泛应用于基础、墙裙以及台阶等部位，取材便捷，造价低廉，坚固实用。条石一般出现在巴蜀平原地区风土院落的基础、墙裙以及台阶等部位。石板经简单加工后一般铺设于风土院落的室内外地面。在巴蜀中部地区，风土院落的墙裙（图 2-42）也用石板砌筑，亦有石柱构造，防潮耐磨，硬朗坚挺。

图 2-42　资阳市安岳某风土院落中的石板砌筑构造

（二）以砖构作封火山墙或装饰构件的院落

巴蜀窑业烧制的砖与土坯有本质的不同，在强度、耐磨、防火等方面远优于土坯材料。与土、木、竹等天然材料相比，砖是工艺复杂的人工材料，较为昂贵，所以砖构墙体的风土院落在巴蜀山区的偏僻地带较为稀少，普遍出现在商业非常发达的城镇区域。砖多作为照壁、坊门、封火山墙等重要区域的建筑材料，多饰以彩绘或雕刻，坚固持久且精致美观。

在巴蜀地区，砖构风土院落的照壁（图2-43）多用实砖连砌。山墙、坎墙、围墙等多为空斗砖墙（图2-44），其实质上是一种复合材料墙，经济实用，省工省料，有防潮、保温、隔热的作用。这种砖的尺寸多为200mm×140mm×25mm，空斗状，做法是将砖立摆中空，用沙土或碎砖填实。

图2-43　四川自贡山西会馆的照壁与院落
（来源：Ernst Boerschmann, *Baukunst und Landschaft in China*, 1923）

图 2-44　酉阳龚滩古镇董家院子的空斗砖墙

第四节　本章小结

　　首先，从一字形院落、曲尺形院落、三合院、四合院四个方面论述巴蜀风土院落空间的基本形制类型。立足于实证考察，分析由正房与院坝组合型、正房与院墙组合型所构成的一字形院落类型特征，由"天平地不平"与"逐台跌落"的曲尺型院落所构成的曲尺形院落类型特征，由纵向扩展与横向扩展的三合院所构成的三合院类型特征，由院坝式与天井式的四合院所构成的四合院类型特征，总结了巴蜀地区风土院落空间的基本形制类型。

　　其次，从宅院式院落、店宅式院落、作坊式院落、寨堡式院落四个方面论述巴蜀风土院落空间的使用功能类型。立足于实证考察，分析由乡村宅院式与城镇宅院式院落所构成的宅院式院落类型特征，由前店面、后居住与底层店面、楼层居住的院落所构成的店宅式院落类型特征，由前作坊、后居住与前店面、后作坊、楼层居住的院落所构成的作坊式院落类型特征，由以家族起居生活为主导的独立式寨堡院落与以群落聚居模式为特色的寨堡院落所构成的寨堡式院落类型特征，总结了巴蜀地区风土院落空间的使用功能类型。

再次，从木构连架的院落、生土构筑的院落、砖石结构的院落三个方面论述巴蜀风土院落空间的构筑材料类型。立足于实证考察，分析了由空间组合灵活多变的穿斗式木构院落与空间组合大气恢弘的穿斗抬梁混合式木构院落所构成的木构连架院落类型特征，由版筑墙与土坯墙构造的生土院落所构成的生土构筑的院落类型特征，由以石材为基础或墙体构筑的院落与以砖构为封火山墙或装饰构件的院落所构成的砖石结构的院落类型特征，总结了巴蜀地区风土院落空间的构筑材料类型。

最后，通过对巴蜀地区的地形地貌及其社会环境影响下的基本形制类型、巴蜀地区的地域文化传承及其交流影响下的使用功能类型、巴蜀地区的生产力水平及其材料技术影响下的构筑材料类型的三重考察，完成"自然—社会—人"三位一体的建筑社会学考察，实现了"形态—功能—技术"的建筑类型学考察，客观反映了巴蜀地区风土院落丰富的类型特征，并从类型学的角度呈现出这种空间类型已走向程式化，是地形地貌的产物，是适应本土气候的结果，更是社会文化环境的物质化过程。

第三章 ｜ 地理气候环境与巴蜀
风土院落空间

巴蜀地区自然地理空间包括川西平原、川中丘陵及川东平行岭谷。从中国地理板块看，因地形地貌独特，处于黄河与长江流域的西侧，区域位置较为重要。西北为邛崃山、岷山，北面为龙门山、米仓山脉，是黄河流域与长江流域的重要分界线，东北为巫山、大巴山脉，向南为武陵山脉，西部为夹金山、大小相岭、大凉山一线地区，东南延伸至云贵高原区域。由此可见，巴蜀地区周边山脉、高原绵延不绝，山势陡峻，地表高低起伏，史上有"蜀道难，难于上青天"之说。整体地势西高东低，自西南、西北、东北三面向东南倾斜，各河流均由边沿山地汇聚至盆地底端后流入长江干流且支流丰富，呈树枝状的向心水系结构。明代著名地理学家王士性有云："层峦叠嶂，环以四周，沃野千里，蹲其中服。岷江为经，众水纬之，咸从三峡一线而出，亦自然一省会也。"[1]巴蜀地区地处亚热带，地形复杂，加之不同季风环流交替影响，以季风气候为主。冬季，在大陆干冷气团的控制下，空气略干，降雨较少，夏季，暖湿的海洋水汽带来大量降水，加之四周环山，冬天寒潮不易入侵，夏季季风影响显著，与同纬度的长江中下游地区相比，热量较高，冬暖夏热春早，无霜期长。

周边自然地理的阻隔与平坦辽阔的四川盆地共同形成一个相对独立的地理单元，加之巴蜀地区温和的气候环境，客观上为早期巴蜀地域文化的形成和发展奠定了自然地理基础。段渝先生指出："巴蜀地区地理上的向心结构，以及其优越的自然条件，使巴蜀地区容易吸引周边山地区域从事高地农业的群体向巴蜀低地迁徙定居，引导周边古文化沿着河流岸线和山间谷地所构成的向

---

1. 王士性，《五岳游草》卷十二 "两江总督采进本"

心状地理结构走向巴蜀盆地底部平原，从而为古文化的传播与交融提供地理学基础。"[1]同时，巴蜀地区处于中国西部高原和东部平原的交汇带，亦是我国北方黄河流域文明和南方长江流域文明的过渡区，这种地理学上的东西、南北的节点，也为巴蜀地区日后广泛的文化交流奠定了地理学基础。

　　自然地理环境是地域文化产生的地理基础，与巴蜀风土建筑文化的形成更是密切相关。正如著名学者麦克哈格所述："自然体系亦可作为一种社会价值体系，是居住于此并拥有这一自然体系的人们所认知的一种社会价值体系……这种认知与自然资源将导致一种特殊的生产方式，而它有时又会受制于自然体系。继而这个生产方式将造就一个有个性的聚落形态，这些具有特殊生产方式及特殊聚落形态的人们将有一特定的价值观，并影响人对环境的认知。"[2]巴蜀地区特有的多样地貌特征与湿热多雨的温润气候，对风土建筑形态特征的形成与发展产生了深远影响，并进一步限定了风土院落空间的形态及其构成方式。

第一节　地理环境与风土院落空间

　　巴蜀地区处于中国西南腹地、长江上游，以丘陵和山地为主，山地资源丰富。由于地形地貌发育受地质构造控制，山脊线与构造线基本一致，山脉多呈东北—西南走向平行展布。出于地貌发

1. 段渝. 政治结构与文化模式：巴蜀古代文明研究 [M]. 上海：学林出版社，1999.
2. 伊恩·麦克哈格，设计结合自然 [M]. 黄经纬，译. 天津：天津大学出版社，2006.

育及地质构造差异，地貌类型组合、区域差异明显，大致以方斗山为界，其东以中山、低山组合景观为主，其西以低山、丘陵、台地为主[1]。除四川盆地底部的平原和丘陵外，大部分地区岭谷高差均大于500m，中低山地、高原和丘陵约占盆地面积的90%。

巴蜀地区中部有一定面积的平原，即成都平原，地势低平，周边多起伏山脉。川西北部地貌复杂，平原、丘陵、山地、高原均有分布。川东地区地理特征突出，地势沿河流、山脉起伏，南、北高，中央低，从南北向长江河谷倾斜，以丘陵、低山为主。东北部是海拔2000余米的巫山和大巴山脉，长江在重庆东部横穿巫山形成三峡，地势自西向东逐渐上升，属第二级阶梯，分布有川西平原、川中丘陵以及川东峡谷（图3-1）。巴蜀地区河流纵横贯穿，号称"千水之域"，除西北部的白河、黑河由南向北汇入黄河外，主要支流金沙江、岷江、嘉陵江、沱江、涪江等由边缘山地汇集到盆地底部，并汇入长江。区域内植被为亚热带常绿阔叶林，多

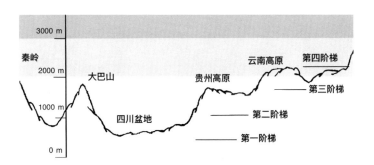

图3-1　巴蜀山地空间剖面示意图
（来源：作者改绘自《巴蜀传统建筑地域特色研究》）

---

1. 黄键民.长江三峡地理 [M] .重庆：重庆出版社，1997.

紫色土与黄壤[1]。

总的来说，巴蜀地区以丘陵和山地为主，兼有平原，水体资源丰富，山水自然环境与地形地貌特征独特。正如史料记载："土地肥美，江水沃野，山林竹木疏食果实之饶。"这些独特的山水自然环境与复杂的地形地貌是风土院落在选址布局、营建技术、材料选择等方面的重要限定因素，从而左右着巴蜀风土院落文化的发展。就自然地理环境对风土院落的影响而言，一方面，巴蜀地区复杂多变的地形特征会通过广泛存在的人地关系影响人们对空间的认知；另一方面，场地的地形对院落形制及其接地方式有直接的决定作用。这种院落空间（图3-2）的形态结构与地形地

图3-2 酉阳龚滩古镇杨家院子

1.奚国金，张家祯主编的《西部生态》（中共中央党校出版社）

貌的特征之间存在一种"缘地性"，从本质上说，这种"缘地性"源于风土院落"空间与场所相结合"的地域作用力，这种作用力塑造了别具一格的地区性院落空间，在巴蜀地区数量众多的风土院落中得以体现。

在"空间与场所相结合"的地域作用力影响下，巴蜀风土院落空间发展演进出了顺应地形的干栏式院落、因地制宜的筑台式院落、因势利导的靠崖式院落，同时巧妙利用山势水形塑造院落空间的转折与变化，并合理利用地形组织院落内部空间。坝、谷、岗、脊、坎、坡、崖等皆顺其地貌而建，院落空间均能利用多种不同的接地方式适应复杂地形（图3-3）。

图3-3　巴蜀地区民居院落与多样的地形地貌的关系

一、顺应地形，以架空为特色的院落空间

在巴蜀地区，以架空为特征的院落源远流长，属于山地风土院落的典型形式之一，是中国南方早期干栏建筑与院落空间相结合的产物。架空式院落多在地形坡度较大的山地丘陵地区，呈现为建筑通过支柱与地形相结合的建筑形态，主体建筑局部架空或全部架空。灵活采用架空的方式，简化了对风土院落的场地处理，对房屋场地几乎不用作任何改造，既利于建筑防潮通风又能减少

图 3-4　酉阳龚滩古镇的架空式院落

建造耗材，具有经济性、简易性和灵活性，从而很好地适应巴蜀复杂多样的地形。与地形环境相结合，形成了不同空间形态的架空式院落（图 3-4）。

（一）以干栏为特点的院落空间

这种架空式院落主体建筑的底层完全架空，多建在地形复杂多变的山地陡坡、潮湿谷地或滨水湿地区域，建造者不得不通过完全架空的方式获取生产生活平台，以多柱落地顺应地形的起伏变化，保持"天平地不平"，以减少对地表的开挖破坏。受用地环境的限制，缺少平整的场地，这种风土院落空间的组合模式多为一字形或曲尺形，形制较为简单，如四川雅安某民宅（图 3-5），院落布局为"L"形，为减少房屋修建的填方量，加之地域性因素，主屋采取干栏式做法，空间处理极具特色。

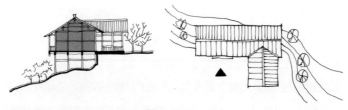

图 3-5　四川雅安以干栏为特点的某风土院落

（二）以吊脚为特点的院落空间

这种院落是干栏式院落的衍生产物，受山地影响而发展起来，将附岩形式与主体院落底部架空相结合。这种院落的空间通常局部凭靠于坡坎，而其余部分则以立柱支撑的方式进行架空。它与干栏式院落的不同在于吊脚只是局部架空，而干栏是整体架空。这样，吊脚式院落对山地的适应就更具灵活性。内部空间也极具特色，经常"半边地居，半边楼居"，有时楼居部分还要通过楼梯吊一层或两层楼下去，由此构成更具特色的空间形态（图3-6）。此类院落空间的组合模式多为一字形院落、曲尺形院落或三合院

图 3-6　20 世纪早期重庆以吊脚为特点的临崖院落
（来源：甘博《中国摄影集》，第五辑（共 5 辑），1908—1932 年）

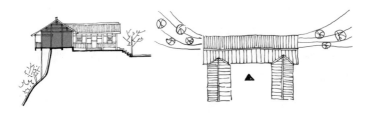

图 3-7 重庆武隆以吊脚为特点的某风土院落

等，形制较为原始单一，如重庆武隆某民宅（图 3-7）的院落选址在靠近陡坎的北侧，受用地限制，采取局部吊脚的做法，既获得了良好的景观视野，又解决了用地受限问题，空间环境处理极具特色。

（三）以挑楼或骑楼为特点的院落空间

挑楼与骑楼式院落多出现在巴蜀地区用地紧张的山地城镇以及临水场镇，挑楼式院落（图 3-8）在临水或临街区域常以挑楼或挑阳台的形态出现。

挑楼的出挑由挑梁支撑，出挑尺寸受木结构限制，一般在 2m 以内。若继续增大出挑深度，可在挑梁下加斜撑。当出挑部分用作休息廊时，每个开间用吊柱与挑梁连接，以增强挑楼的整体刚

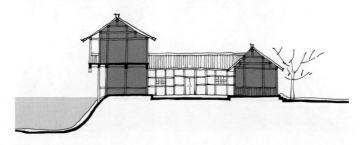

图 3-8 巴蜀地区的挑楼院落

度，吊柱常雕刻花饰，俗称"吊瓜"。当出挑部分为居住空间时，常作装板墙（巴蜀地区常用的木质隔墙）开花格窗。这种空间形态的产生得益于风土院落的材料选择，多为较轻巧的竹、木骨架，以悬挑的方式可最大限度地发挥其受弯的力学性能以获得更多空间。由于风土院落常用的穿斗木构连架较为纤细，为增大出挑深度，又创造出了"层层挑"等模式（图3-9），在局促的环境中可争取更多使用空间，如重庆西阳阿蓬江边的某风土院落（图3-10），临水空间两层出挑的模式既增大了使用面积，也实现了景观最大

图3-9　重庆酉阳某临水区域的挑楼院落

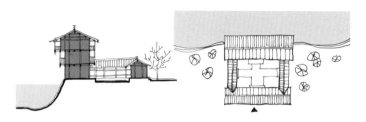

图3-10　重庆酉阳某临水区域的挑楼院落

图 3-11　巴蜀地区临街的骑楼院落

化，空间关系巧妙灵动。

　　骑楼式院落常在临街区域通过底层架空的方式留出人行空间，尽可能多地获得街道上部空间，架空宽度一般在 2m 左右。骑楼与挑楼异曲同工，但比挑楼更加经济实用，特别是在夏日和雨季，可为行人提供适宜的通道，如巴蜀地区临街的骑楼院落（图 3-11），骑楼下部可遮阳避雨，给日常交流以及商贸活动提供空间。在一些临水场镇中，挑楼式往往与骑楼式结合，形成特色鲜明的店宅风土院落。

二、因地制宜，以筑台为特色的院落空间

　　如何在坎坷不平的山地场地构筑水平基面，是山地建筑营建的一个基本问题。根据山地的地形地貌，筑台式院落采用挖填平衡的方式，因地制宜，因势利导，分区筑台以获取水平基面，这种接地营建方式在山地环境中使用最为广泛。由于筑台式院落的建筑布局一方面需要一定的空间延展，另一方面须解决地形高差的问题，因而这种院落（图 3-12）的轴线多根据地形特征而转折变化，平面形态多不规则且房间进深较浅，院落空间内外常采

图 3-12　重庆龙潭古镇筑台式特征院落

用分台、错层、掉层等处理手法，空间造型变化丰富。根据其规模及与山地的关系，筑台式院落可分为勒脚式院落和分层筑台式院落。

（一）具有勒脚特点的院落空间

在山坡较缓且局部起伏的山地中，利用石筑或夯土将院落用地四周勒脚提高到同一标高，可有效获得水平基面。勒脚式院落（图 3-13）砌筑的勒脚既能改造地形，又能充当基础。由于这种方法只填不挖，对山地破坏较少，利于坡地的地质生态稳定。一般在规模较小的筑台式院落中，常用这种"高勒脚"策略，部分学者把"高勒脚"看作巴蜀地区风土院落的主要技术特征之一，正所谓"深出檐、小天井、高勒脚、冷摊瓦"[1]。高勒脚式院落可简单、有效、合理地利用地形并加以适当改造，通过砌筑勒脚形成台地，充分利用空间，住宅周围还可形成户外活动场地，处理

---

1. 四川省建设委员会，等．四川风土建筑 [M]．成都：四川人民出版社，2004.

图 3-13　酉阳龚滩具有勒脚特点的院落

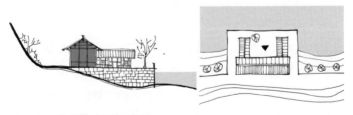

图 3-14　云阳龙角镇某风土院落

手法较为简便、有效，如云阳龙角镇某风土院落（图 3-14），处于街道向河床延伸的断坎上，在断坎上以当地出产的青石筑起 3m 高的勒脚，院落修筑其上，空间紧凑、布局合理。

（二）具有分层筑台特点的院落空间

在巴蜀山地环境中，风土院落合理利用地形，采用多层台地的方式分解高差，台地之间用石构台阶连接，从而形成参差变化、高低错落的分层筑台式院落。分层筑台（图 3–15）与高勒脚的不同之处在于分层筑台对地形的改造更多样，常伴有对基地的挖填处理，施工比勒脚院落要复杂，它的要点在于将山地分段平整化，一般用于巴蜀地区的大型多进院落，而不像高勒脚那样只是创造局部的平地小环境，大多用于规模较小的院落。

根据台地与院落的关系，分层筑台式院落可分为两种。一种是以院坝天井联系不同地形高差，主体建筑在相对平整的台地上，如酉阳龚滩古镇的三抚庙（图 3–16）。在轴线上，从入口到主体建筑皆位于五个台地上，前后长达 35m，高差约 7m，院落空间随地势逐台升高（图 3–17），形成入口石阶、前厅、院落、祖堂的形制。另一种则"取平补齐，天平地不平"，利用主体建筑来适

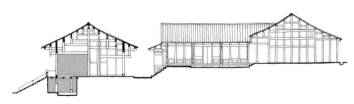

图 3-15 四川平昌白衣古镇吴氏大院剖面

图 3-16 酉阳龚滩三抚庙台地院落实景图

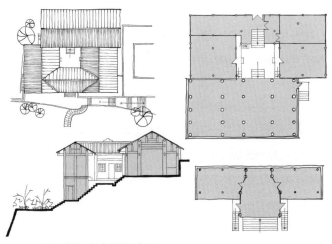

图 3-17 酉阳龚滩三抚庙平面及立面

图 3-18 重庆湖广会馆禹王宫

应变化的地形，如重庆渝中区湖广会馆的禹王宫院落（图 3-18）就是利用建筑内部空间吊层的策略消解场地高差，把平坦的台地作为天井，最大限度地利用地形，减少对环境的破坏，主体建筑逐台抬升，空间处理灵活多变（图 3-19）。

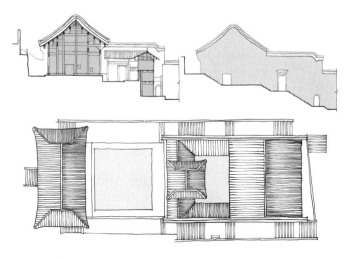

图 3-19　重庆湖广会馆禹王宫平面、立面、剖面

三、因势利导，以靠崖为特色的院落空间

靠崖式院落大多分布在巴蜀地区坡度较大的山体陡坡上，主体建筑直接依附于陡峭的山体，建筑中所用的穿斗构架对山地地貌不会造成过多影响，依托插入山体的梁柱，与之紧密结合向高处发展，融地理环境为一体。此类院落在入口处设小型院坝以供日常生活起居。由于地形特殊，院落布局多为一字形或曲尺形，整个院落空间与山形地势相契合，巧绝秀丽（图 3-20）。

靠崖式院落不受悬崖峭壁限制，将崖壁作为结构界面组织在建筑中，并利用山石的承载力和稳定性将建筑承载梁的一端楔入山体，使建筑结构与山体稳固连接，从而承载木结构的受力，既减少结构用材，又提高经济性。至于崖壁下方复杂多变的基地地形，靠崖式院落也可通过长短不一的立柱来适应，常出现"崖壁

图 3-20　重庆忠县石宝寨靠崖式风土院落
（来源：Ernst Boerschmann, *Baukunst und Landschaft in China*, 1923）

悬楼""半边地居，半边楼居"等空间形式，内部空间也极富特色。

　　根据地形环境及其交通组织方式，靠崖式院落可分为上爬式靠崖院落与下跌式靠崖院落。上爬式靠崖院落的入户道路通常位于崖壁下方，风土建筑依附于崖壁空间，从底层入口逐层上爬，如重庆忠县某靠崖式风土院落（图 3-21），院落主屋高达 4 层，

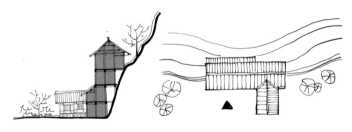

图 3-21　重庆忠县某靠崖式风土院落

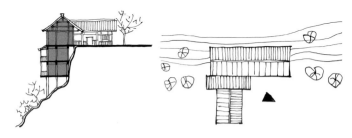

图 3-22　重庆偏岩古镇某靠崖式风土院落

颇具气势。下跌式靠崖院落的入户道路通常位于崖壁上方，入户道路的侧面依附崖壁向下建房，风土建筑空间逐层往下跌落，如重庆偏岩古镇某靠崖式风土院落（图 3-22），巧妙利用基地的崖壁，院落主屋下跌 2 层，再加以披檐挑廊，整体院落掩映于山体和树林中，建筑形体轻巧灵动，优美宜人。

四、院落空间的转折与变化

巴蜀地区复杂的自然地理环境使风土院落不拘泥于形制，布局因地制宜，空间灵活自由，可根据环境与功能需求巧妙调适院落形制，或靠崖悬挑，或干栏架空，或转折借位。总体可简要概括为：顺应环境，切割变换；争取空间，取平补齐；入口错位，转折变化。

（一）顺应环境，切割变换

巴蜀地区的山地聚落为适应环境，道路多蜿蜒复杂，大多风土建筑的用地也因而被划分为不规则形态。处于这种不规则用地中的风土院落的形制布局会随之调适，院落平面将进行切割变换以适应环境的变化。

如重庆市磁器口古镇某建筑院落（图 3-23），为使院落空间顺应周边紧凑的用地环境，将院落厢房作切角处理，既顺应地形和道路变化，满足了外部公共空间的完整性，又与场镇环境相呼应，创造了极具特色的空间。

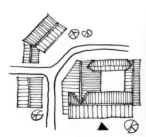

图 3-23　重庆磁器口某风土院落

（二）争取空间，取平补齐

巴蜀地区的风土院落用地紧张，为争取更多功能空间，常以悬挑或架空的方式扩展有效使用空间。根据需要，对局部楼层进行悬挑或架空处理，以适应建筑内部功能空间，满足使用需求的变化，同时尽量保持楼层平面标高一致以利于使用。

如酉阳县龚滩古镇的某风土院落（图 3-24），该院落接地层被街道空间所贯穿，俗称"过街楼"。过街楼院落一方面为争取更多使用空间，另一方面为满足街道的通行需求，仅将底层架空，楼居层仍作生活起居空间（图 3-25）。这样，场镇街道贯穿建筑

图 3-24　酉阳龚滩某风土院落

图 3-25　酉阳龚滩某风土院落上层起居空间

院落的架空层，既不影响商贸交通，又极富空间特色。

（三）入口错位，转折变化

由于受山地环境的限制，巴蜀地区建筑院落的主入口通常与主体院落相分离。入口空间轴线与院落轴线错位转折。这种空间策略一方面为满足山地建筑的主要人流动线与主体院落轴线相偏离的空间现状，另一方面可结合山地环境营造曲折变化的前导仪式空间，加强院落空间的序列感。这种风土院落的错位转折策略通常依据自身所处的特殊地形条件对空间序列因势利导，综合利用山地环境的踏步、道路、树木、水体、山石以及沿途设置小型构筑物（牌坊、石雕、门阙等）来营造空间气氛，地方特色浓郁。

如云阳张飞庙院落群（图 3-26），位于长江沿岸陡坡的台地之上，其入口空间处理十分精彩。由于临江的北面岩石高耸，西侧毗邻山溪，虽有空地，但异常狭窄，且山溪对面是崖壁，遮挡视线，结合明清传统风水堪舆，将主入口门楼设置在西厢房的山

图 3-26　重庆云阳张飞庙实景图

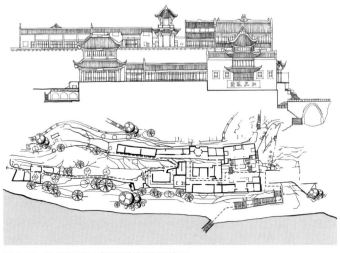

图 3-27　重庆云阳张飞庙平面流线及沿江立面
（来源：作者改绘自《四川古建筑》）

体之上。同时，由于山崖近在咫尺，对场所空间产生压迫感，倚
山体营建的门楼遂侧向西北，以使视线通达，能够远眺浩荡的江
面及逶迤的远山。参拜者从云阳县城过江时，主体院落的结义堂
正立面上醒目的"江上风清"几字便仰视可见，气势恢宏。在到
达布局紧凑、规整有序的主体院落之前，首先依崖壁拾级而上，
再沿石阶山势作"之"字形回转而上，可达单孔石桥，此地白玉
池飞瀑直下，扑面而来，西园山色尽收眼底。原地左转，依附于
山体上的高大的封火墙映入眼帘，张飞庙门楼便豁然出现在正前
上方，最后踏阶二十几级跨过门楼，方可登堂入院（图3-27）。
营造这种一气呵成、灵活多变的入口空间序列，正是对沿江山地
地形和自然景观因势利导的精彩演绎。

第二节 气候环境与风土院落空间

巴蜀地区四面环山，属亚热带湿润气候，受复杂的地形和不同季风环流的交替影响，形成如下气候特征："处于亚热带的巴蜀地区年平均气温约在 16～18℃，长江流域河谷地带达 18℃以上。夏季极端气温多在 38～40℃，长江流域河谷地带达 40℃以上。冬季极端气温在 0℃。区域内热量资源十分丰富，气候温和湿润。巴蜀地区降雨量丰富，一般为 900～1200mm，日照时间约为 1100～1500 小时，占可照时数约 30%。由于降雨充沛，日照时间短，地处盆地，年平均相对湿度高达 70%～85%，远大于同纬度的长江中下游地区。高湿度的环境使巴蜀地区云雾天气极多，如遂宁、成都、重庆等地，全年云雾天气 50 天以上。"[1] 巴蜀地区的气候环境可概括为"高温、高湿、多雨、风缓、雾多、日照少"的湿热气候。

自然气候环境深刻地影响了人类社会基本生产与生活的形态，并由此影响到文明进程中的各个阶段，尤其对地域文化决定的住屋形态的演进起着重要的推动作用。风土院落的空间形态是当地气候特征与生产生活相联系的直接表现。在生产力水平低下的传统社会，风土院落历经长期的调适、演进，最终形成了充分适应区域气候特征，满足特定社会经济条件的生产生活的空间形态。针对巴蜀地区的上述气候特征，当地风土院落经过长时期的调适与演进，从功能特征到空间组合、从局部构造形态到材料工艺，

---

1. 黄键民. 长江三峡地理 [M]. 重庆：重庆出版社，1997.

均有生动而具体的空间体现。

一、气候环境与院落空间的功能特征

气候环境作为诸多地域性因素中的基本因素，对人体的生理机能和生产生活影响最直接，适应地区气候环境成为风土院落形态进化与演绎的重要动力因子。巴蜀地区的风土院落形态便遵循这种轨迹：适应炎热多雨的气候特征，具备遮阳与避雨的功能；适应潮湿多雾的气候特征，具备采光与除湿的功能；适应日温差小、低风速的气候特征，具备通风与降温的功能。

（一）适应炎热多雨的气候特征：遮阳与避雨

巴蜀地区降雨量大，雨水充沛，夏季日照集中，暑热气候显著。风土院落在空间处理上充分考虑避雨排水与夏季遮阳的问题，巧妙利用传统屋面技术手段，营造舒适的生活生产环境，使院落空间具备遮阳与避雨的气候适应性功能，诸如巴蜀风土院落多为悬山屋顶（图3-28），瓦屋面坡度为1∶2，草屋面坡度为1∶3，院落屋檐出挑深远，遮阳避雨效果好。风土院落的小天井空间在

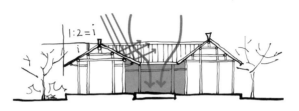

图3-28 巴蜀风土院落的遮阳与避雨示意图

川中地区有"四水归池"之称，即屋面汇集雨水流入天井的"池"中，天井周围多设檐廊，除为居住者提供遮阳避雨场所外，还能防止雨水飞溅侵蚀墙体。天井上加盖屋顶，形成"抱厅"空间，遮阳避雨效果更优。挑楼与骑楼形式多样，檐下空间连续以成檐廊，可遮阳避雨，还可以用作日常生产生活的各种活动空间。这种为适应炎热多雨气候而形成的半遮蔽空间形态，遮阳避雨性能极佳。

（二）适应湿度大、云雾多的气候特征：采光与除湿

巴蜀地区的年平均相对湿度达 70% ~ 85%，湿度大是该地区云雾多的主要原因。因此，风土院落非常注重空间的采光与除湿，诸如巴蜀风土院落的主体建筑常采用干栏、吊脚等架空手法，有效隔绝了地面的积水与湿气，利于通风除湿，优化了室内环境。院落的"小天井"空间（图 3-29），为院落提供了采光除湿的"气口"。院落的敞厅空间则融合室内外环境，保证室内充分采光，并解决了通风除湿问题。院落中常见的"老虎窗"与"猫儿钻"亦是为解决采光与除湿问题，为长进深建筑补充采光。此外，民间做法更简易，屋顶局部用亮瓦替换小青瓦以补充采光，院落中常见的围护结构是竹篾与麻刀灰组合工艺的夹壁墙，这种墙体材料透气性能优异，除湿防潮效果很好。

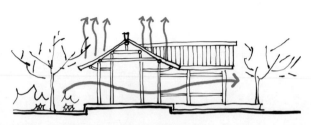

图 3-29　巴蜀风土院落的采光与除湿示意图

（三）适应日温差小、低风速的气候特征：通风与降温

巴蜀地区冬季寒潮不易入侵，冬暖夏热，无霜期长，日温差小。此外，受地理位置和地形环境影响，风速低，风土院落因此非常注重空间的通风与降温，如院落屋顶常采用不施望板的"冷摊瓦"做法，多用轻而薄的小青瓦，为室内提供良好的通风环境。院落的大出檐、深檐廊、宽骑楼、高挑楼等空间形态（图3-30）也是为了营造缓冲空间以降温排热。院落中，"小天井"与"无墙之室"的"敞厅"空间皆为应用"穿堂风"以及局部微气候达到良好的通风与散热效果的典范。风土建筑常见的"老虎窗"与"猫儿钻"可很好地解决风土院落的通风散热问题。院落中，作为围护结构的薄壁墙，透气性能优异，通风降温效果很好。

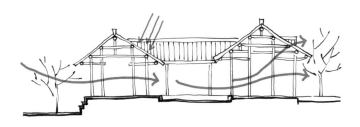

图3-30　巴蜀风土院落的通风与降温示意图

二、气候环境与院落空间的单元组合

巴蜀地区的气候环境因素反映到风土院落空间中，实质是建筑院落的地域化过程，这种地域化通过院落空间应对地域气候环境而产生的组合形态实现物质化。"干栏与吊脚""天楼与地枕""天井与抱厅"作为巴蜀地区风土院落的特色空间组合，巧妙地适应

了地区性气候环境，是巴蜀气候环境物质空间化的结果。

（一）以"干栏与吊脚"为特点的院落单元与气候环境

巴蜀地区的干栏院落源远流长，这与巴蜀地区湿热多雨的气候环境息息相关。在湿热地区，室内环境通风，解决闷热潮湿问题十分重要。干栏的架空作用（图 3-31），一方面，将风土院落的主体房屋与湿润地面相隔，加强房屋底部的空气流动，防止潮气滞结，从而通风除湿；另一方面，不仅将住屋与潮湿的土地相隔，较地面房屋而言，更有利于空气流动。空气流动，使空气湿度降低，带走人体体表热量，起到降温作用，使人感到舒适。一些靠崖壁或江岸的吊脚院落，为半干栏式的空间模式，在雨季可有效防洪，能更好地适应山地地形。与干栏式院落一样，吊脚院落可有效结合地域气候改善居住环境，如重庆武隆某风土院落（图 3-32），

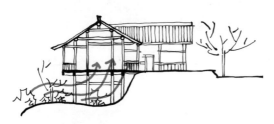

图 3-31 干栏式风土院落的通风示意图

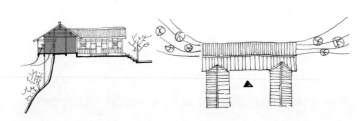

图 3-32 重庆武隆某风土院落

局部架空的底层能避免湿气入侵，增强通风效果，从而改善局部微气候环境。

（二）以"天楼与地枕"为特点的院落空间组合与气候环境

巴蜀地区的土家族风土建筑多将厢房出挑为吊脚楼形态，厢房底层用作堆放农具、杂物或驯养家畜的场所，厢房二层有地枕楼，楼枕上铺杉木条，再铺厚约7寸的三合土，名曰"天楼地枕"。"天楼"多做挑廊，挑廊的构造有两种：其一，由挑枋承托挑廊，在挑枋端部立柱，此类做法俗称"落柱楼"；其二，廊柱上做卯口，接在挑枋的榫头里，再在廊柱卯口上端横向凿卯口支承廊梁，廊柱不落地，廊柱下部留出一定长度以抵抗摆动形成的扭矩，一般廊柱出头部分雕饰成各种吉祥纹样的吊柱头，这种做法俗称为"吊柱楼"。"天楼地枕"（图3-33）实质是一种古老的干栏建筑空间。一方面，"天楼"保证了与潮湿地面的区隔，可加强风土院落接地层的空气流动，从而防止潮气滞结，达到通风除湿的效果；另一方面，较其他类型风土院落而言，"天楼"的通风效果显著增强，空气流动使空气湿度下降，吹走人体体表热量，从而起到祛热降温的作用。

图3-33　重庆江津某民居院落中的"天楼与地枕"

（三）以"天井与抱厅"为特点的院落单元与气候环境

巴蜀地区的风土院落多采用"天井"组织院落空间（图3-34），气候特征鲜明。相关研究表明，天井院坝面积与房屋面积各自具备恒定比例，因地区而异，诸如四川地区约1：3，北京地区约1：2，辽宁地区约1：1.5[1]。这种紧凑型的天井院落与巴蜀地区的湿热气候环境密不可分，民间地理典籍有曰："天井，主于消纳，大则泄气，小则郁气，大小以屋势相应为准[2]。""宣郁消纳"便是强调对湿热气候的适应性，这种适应性体现为天井空间与风土建筑外部空间和建筑室内保持着一种空间过渡，从而满足湿热气候对遮阳避雨、采光除湿、通风降温的严格要求。总的来说，天井空间在风土院落中具有采光、通风及排水的功能，可加强采光以适应日照少的气候环境。其四周房屋多出檐深远，形成热缓冲空间，以避免夏季高温导致室内过热的情况。天井院落可形成垂直的温度差，产生"烟囱效应"，拔风效果显著，利于室内闷热环境的通风除湿。此外，天井院落几乎都具备较完善的明、暗沟排水，构成了完善的给水排水系统，周围房屋的屋顶排水以及

图 3-34　重庆龙潭古镇王家大院的天井空间

1. 刘致平，王其明. 中国居住建筑简史 [M]. 北京：中国建筑工业出版社，2000：1.
2. 周惇庸《理气图说》（四册）嘉庆二年版

图 3-35　四川地区风土院落中的抱厅
（来源：张兴国教授 提供）

生活污水排放均靠天井完成。

　　在巴蜀地区的风土院落中，还有加上屋顶的天井，这种天井上的屋顶比周围屋檐略高，称为"抱厅"（图 3-35、图 3-36），极富有地域特色。抱厅在空间尺度与功能上同天井相同，相异之处在于屋盖。因此，抱厅带有两重空间的特征，既具备室内防晒避雨的长处，又有天井采光通风的特点。根据空间形态，抱厅大致分亭式抱厅和廊式抱厅两种。亭式抱厅（图 3-37），又称为亭子天井，空间特点是天井的屋顶比四周屋檐略高，屋面覆盖整个天井并利用相对四周屋檐高出的空间来采光与通风，此空间类型适合较小的天井院落。廊式抱厅（图 3-38）的空间特征是院落上空覆盖双坡屋面以连接前后厅堂，抱厅双侧多构成两个较小的天井以供采光通风，平面多为"工"字形，此空间类型适合中、大型的天井院落。

图 3-36　重庆江津地区风土院落中的抱厅

图 3-37　巴蜀地区的风土院落中的"亭式抱厅"

图 3-38　巴蜀地区的风土院落中的"廊式抱厅"

三、气候环境与院落的特色空间形态

风土院落根植于民间生产生活，而民间的生产生活与自然气候环境是密不可分的，据长期的营建经验可知，院落空间的形态特征反映当地的气候环境。巴蜀地区风土院落的局部空间形态诸如挑檐、凉厅子、挑楼、骑楼以及敞厅，正是这种气候适应性的产物，这种适应性具备基础性与普遍性的意义。

（一）以挑檐和凉厅子为特色的院落单元与气候环境

为适应巴蜀地区潮湿多雨、炎热少风的气候环境，风土院落的挑檐形态（图3-39）大致有单挑出檐、双挑出檐以及多挑出檐三种基本类型。出檐深度多在0.9~1.8m间，挑檐能避免雨水的侵蚀、遮挡强烈的日照，有效地遮阳避雨。当挑檐的进深进一步加大时，仅靠挑枋已不足以承接其重量，须在檐下设擎檐柱以承托屋面荷载，形成檐廊空间，俗称"凉厅子"。凉厅子是由檐柱、梁枋、屋面及台基组成的半开敞空间。如泸州尧坝场大鸿米店院落中的"凉厅子"（图3-40），是院子重要的过渡空间，也是日常生活起居空间的补充，进深多达3个步架，跨度在3m以上。凉厅子空间实质营造了一个微气候环境，在潮湿多雨的环境中，

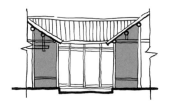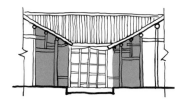

图 3-39　巴蜀地区的风土院落中的挑檐与凉厅子

图 3-40 四川泸州尧坝场大鸿米店院落中的凉厅子

可防止雨水侵蚀、隔离潮气；在炎热少风的环境中，可结合庭院中的绿色植被起到热缓冲的作用，减少室内太阳辐射，形成室外与室内的自然过渡区，檐廊下既能采光又不会过分燥热，也确保了室内空间的凉爽。

（二）以挑楼和骑楼为特色的院落单元与气候环境

在巴蜀地区的风土院落中，常使用楼层出挑形成的灰空间来弥补室内空间的不足，出挑的建筑可分成不落柱的吊柱楼与落柱的骑楼。挑楼与骑楼扩展了起居空间，也间接扩大了屋檐出挑的深度。如四川都江堰的骑楼院落（图3-41），在适应气候环境方面犹如挑檐与凉厅子，很好地适应了潮湿多雨、酷热少风的气候环境。

图 3-41 四川都江堰的骑楼院落
〔来源：Thomas C.Chamberlin，*Papers of T.C. Chamberlin*, View of the Great Temple erected, 1909〕

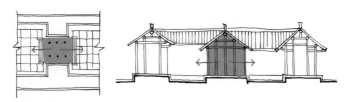

图 3-42 巴蜀地区风土院落中的敞厅

（三）以敞厅为特色的院落单元与气候环境

明代地理典籍《五杂俎》有云："南人有无墙之室，北人不能为也。北人有无柱之室，南人不能为也。"[1] 巴蜀地区的"无墙之室"，正是对"敞厅"这类特色空间的形象写照。出于气候环境，南方建筑较为开敞。巴蜀地区风土院落中，敞厅的出现就与闷热潮湿的气候环境密不可分。敞厅（图 3-42），顾名思义，与院落相对的房屋敞开，前后檐柱间不装设门窗，也不作任何围合，保持与井院连通。敞厅作为一种过渡性空间，通常布置在风土院落的出入口或多进院落中部的房屋，促使两个院落隔而不断。这种"无墙之室"是为适应闷热潮湿的气候环境而采用的一种空间模式。如重庆龙潭古镇某敞厅院落（图 3-43），一方面用作家庭聚会、礼仪活动、主人设宴请客的场所，开敞的构造保证了室内环境的宽敞明亮，通风散热；另一方面，由于敞厅前后多为天井院落，室内外流通融贯，极易引导风势形成穿堂风，保证了整个院落空间的防潮除湿。

1.（明）谢肇淛《五杂俎》

图 3-43　重庆龙潭古镇某敞厅院落

四、气候环境与院落的材料构造形态

在影响和决定风土院落空间的多种要素之中，气候环境作为一个基本且具有普遍意义的要素，深刻地影响了风土院落的材料选择以及对应的构造形态。巴蜀地区风土院落的材料构造形态，诸如薄壁墙、冷摊瓦、亮瓦以及猫儿钻，是巴蜀地区湿热气候下历史演进选择的结果，它从客观条件上决定了风土院落形态中的恒定部分。

（一）风土院落的薄壁墙构造与气候环境

巴蜀地区气候湿热，风土院落的围护体系多采用薄壁墙，根据材料类型，可分为装板墙（巴蜀地区的木质隔墙）与夹壁墙。装板墙（图 3-44），通常将木材加工成木板，木板厚约 3cm，然后依托穿斗结构的木柱和穿枋做枋框，将木板镶嵌在枋框里。最后，一般会将木板表面刨平，刷土漆（多为桐油）。这类装板墙构造程式化，施工效率高，且能充分显露原木的肌理，质朴、美观。夹壁墙（图 3-45）在巴蜀地区历史悠久，可追溯至两汉时期，宋代《营造法式》中称其为"隔截编道"。其构造做法是在木柱和穿枋之间编好竹篾的壁体，竹篾卡在两头的穿枋上，然后在壁体内外抹混有碎秸秆或谷壳的灰泥，待灰泥稍干后，采用石灰抹面。成型后的夹壁墙厚约 3 ~ 6cm，光洁轻盈，是巴蜀地区建筑院落的典型墙体构造。薄壁墙体材质轻，热容量小，孔隙率高，防潮湿，抗腐蚀，非常适合巴蜀地区高温高湿、多雨风缓的气候，可保证房间内通风降温以及重湿季节不结露等，被称为"低技的可呼吸式幕墙"。

（二）风土院落的冷摊瓦构造与气候环境

巴蜀地区少有风雪，潮湿闷热，风土院落的屋面造型多灵巧轻盈，屋面构造工艺也多采用在椽条上不加望板的做法，直接在椽条上覆盖透气性能良好的小青瓦或茅草屋顶，这种屋顶构造多出檐较深，既可遮挡阳光，又可防止雨水侵蚀墙面，被称为"冷摊瓦"。冷摊瓦屋顶的透气性能极好，可使室外空气从许多细密的缝隙进入室内，却又使人感觉不到风，显著改善室内空气的流通，从而解决室内潮湿问题，特别在冬天门窗关闭时，这种抽气除湿

图 3-44　重庆江津会龙庄院落中的装板墙

图 3-45　重庆西沱古镇某院落的夹壁墙

图 3-46　石柱西沱古镇中民居院落的冷摊瓦与亮瓦

作用更为必要。在民间，为加强采光，有一种屋顶构造更具特色，即在冷摊瓦屋顶局部使用透明材料替换小青瓦以补充采光，被称为"亮瓦"（图 3-46）。亮瓦可有效补充室内光线，构造简单，施工便捷，是巴蜀地区风土院落常采用的一种屋面构造形态。

（三）风土院落的猫儿钻构造与气候环境

巴蜀地区的场镇风土建筑密度大，容积率高，风土院落大多面宽窄且进深大。为适应高温高湿、多雨风缓的气候，降温、通风、采光对院落尤为关键，因而民间常利用屋面的一些特色构造来解决这些问题。在巴蜀民间，通常在屋顶用瓦片堆叠搭建一个出气口，构造简单，大约可容纳一只猫通过，俗称"猫儿钻"（图 3-47），这是民间十分形象的称谓。屋面接受太阳的强辐射，上部空气受热升高，屋面设置的猫儿钻可依靠热压原理，形成烟囱效应，有效加强室内空气的对流，从而起到通风散热，防潮除湿，及时排除烟尘与水蒸气的作用。由于屋面天窗的高效率采光，猫儿钻也可显著改善面宽窄而进深大的风土院落的采光环境。

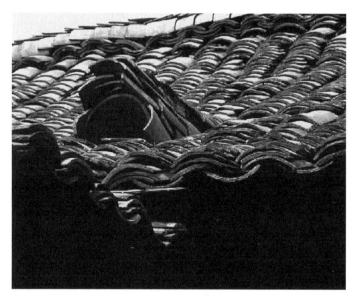

图 3-47 风土院落中的"猫儿钻"构造

第三节 巴蜀地理气候环境与风土院落的生产生活空间

"只有当一个建筑能与人民的习惯、风格自然地融合在一起的时候，这个建筑才能对文化产生最大的影响。"[1] 风土院落作为人类社会活动的物质载体，是一种物质文化现象，通过空间形态来体现内容承载、信息传播、文化输出。其外在形态与内在组织共同承载着风土院落的生产生活空间。

巴蜀地区复杂的地理因素和特殊的气候环境对风土院落空间形态的产生与发展影响巨大，主要体现在适应、利用及改善人居环境方面。因地制宜的地域化生产生活空间，成为巴蜀地区风土院落理性精神的重要表现。这种理性精神主要表现在两方面：一方面是风土院落中功能复合的中介空间能很好地提供户外化的生产生活场所；另一方面是风土院落中日常起居的内部空间很好地适应了巴蜀地区的地理气候。

一、生产生活的户外化与院落的过渡空间

风土院落空间讲究"阴阳调和，合而成章"，注重室内外空间的渐变融合，和谐过渡。这种空间的实现要依靠过渡空间，过渡空间是一种介于室内与室外的复合空间。过渡空间在空间序列中起到中介、连接、铺垫与烘托的作用[2]，在物质空间层次与精神

---

1. 陈占祥. 马丘比丘宪章 [J]. 国际城市规划，1979（1）.
2. 戴志中，刘晋川，李鸿烈. 城市中介空间 [M]. 南京：东南大学出版社，2003.

图 3-48　巴蜀地区民居院落的过渡空间

空间层次都起到媒介作用，具有动态性与开放性，能激励人主动参与，是巴蜀风土院落室内外空间的良好补充。

　　巴蜀地区属湿热气候，地形地貌复杂多变，过渡空间（图3-48）作为微气候缓冲地带可提高对地形及环境的适应性，其不仅是组织空间的有效方式，还兼具生活、生产、休闲等多种功能，是人们从事手工劳动以及户外活动的重要场所。风土院落的过渡空间为巴蜀地区的户外活动提供了空间载体，内容丰富多彩的户外活动可以说是基于巴蜀地区半开敞的院落过渡空间而发展起来的。过渡空间是一种中介性半开敞空间，巴蜀风土院落的檐廊、骑楼、挑楼、天井、抱厅、敞厅等空间均属过渡空间范畴。根据过渡空间的功能属性，院落过渡空间分为两种类型：外向型过渡空间和内向型过渡空间。

（一）外向型院落过渡空间

　　外向型院落过渡空间（图3-49）是风土院落与外部公共生活之间的中介领域，服务于巴蜀民众的公共生活，可有效满足形式多样的户外公共活动，是巴蜀地区户外公共生活的重要空间载体，具有场镇街巷功能复合化的特点。

　　在城镇风土院落中，临道路的入口门屋、挑檐、"燕窝"吞

图 3-49　巴蜀地区风土院落的外向型院落过渡空间

图 3-50　四川泸州尧坝场商业院落的外向型院落过渡空间

口（民间俗称）等过渡性空间均属外向型院落过渡空间（图 3-50）。
这种空间可遮阳避雨，既有室内空间的领域感，又具城镇公共空
间的开放性，使人们在雨天也可进行户外公共活动，为休憩、娱乐、
聚会交流等提供场地，是具有休闲娱乐、嬉戏玩耍、生产生活以

及商业贸易等复合功能的开放型空间，诸如场镇沿街院落的挑檐空间具备通行、逗留以及商贸等多样功能，乡村院坝的"燕窝"吞口空间具有邻里交流、农活生产以及休闲娱乐等多样功能。

（二）内向型院落过渡空间

内向型院落过渡空间（图3-51）是风土院落家庭内部起居生活之间的中介领域，是巴蜀民众生活起居空间的补充。其能够容纳繁杂琐碎的户外家庭生活，是巴蜀地区户外家庭生活的重要空间载体，具有浓厚的家庭生活气息。

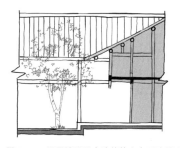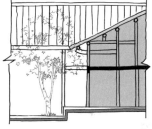

图 3-51　巴蜀地区风土院落的内向型院落过渡空间

在风土院落空间中，院落内部的檐廊空间、天井空间、敞厅空间等过渡性空间均属内向型院落过渡空间（图3-52）。这种空间保证了家庭生活的私密性，满足了对开敞室外空间的需求，诸如院落里面的檐廊空间是日常休闲、纺织缝纫、编制竹器等农耕生活的场所，还可堆放杂物、储存食粮。院落的天井空间除了地理气候适宜性外，还兼具庭院绿化、衣物晾晒、日常休闲、家务劳作等功能。院落的敞厅空间不但利于通风散热，还兼具待客、品茗、文娱等厅房功能。

图 3-52　重庆涪陵云家院落的内向型院落过渡空间

（三）外向型与内向型院落过渡空间的比较

外向型过渡空间与内向型过渡空间的核心差异在于其空间属性。相对风土院落而言，外向型院落过渡空间是与社会环境相关联的公共空间，内向型院落过渡空间是与家庭生活相关联的私密空间。内向型过渡空间承载着院落房屋与天井院坝之间的过渡，在家庭内部生活空间中起到由开敞到封闭、由公共到私密的转换作用，家庭生活气息浓厚。外向型院落过渡空间承载着风土院落与外部空间之间的过渡，在社会公共生活空间中起到由开敞到封闭、由公共到私密的转换作用，具有公共空间的复合功能特征。

外向型院落过渡空间与内向型院落过渡空间，同样体现了物质空间与人类生活的相互作用，极大地丰富了空间使用的层次与深度。但内向型院落过渡空间由于家庭生活气息浓厚，空间尺度紧凑宜人，多采用穿枋出挑与天井院坝的小尺度相协调；装修灵巧精致，在过渡空间的檐柱与金柱的穿枋上多作木刻或挂落等装饰。而外向型院落过渡空间由于与社会环境相关联，其空间尺度多大气恢宏，多采用穿斗与抬梁相结合的木构体系，过渡空间多为长面宽、大进深；木质装修也大气庄严，讲究空间的开敞性与仪式性。

二、院落内部空间对地理气候环境的适应性

巴蜀地区地形地貌复杂多变，风土院落的内部空间一方面综合利用错层、掉层、跌落等模式，减少对地形环境的干预，降低挖填土方量，以此节约建造成本，便于使用；另一方面，错层、掉层、跌落等空间形态不仅可以遮挡强烈的热辐射，提供适度的采光界面，还可利用不同层高带来的热压效应，有效加强室内通风，防潮除湿。

（一）院落内部的错层空间

在巴蜀山地环境的风土建筑中，经常出现同一平面的院落设置不同的标高，构成错层空间，以顺应起伏的地表的情况。如重庆武隆的某风土院落（图3–53），巧妙利用基地地形环境，因地制宜，营造了错层空间。根据标高的不同，在室内形成两个不同区域的子空间，子空间之间根据基地实际的地形地貌，采用不同的楼梯与隔断，形成丰富的室内空间。在错层空间中，由于存在

图 3-53　重庆武隆某风土院落的错层空间

同一楼层不同高差的子空间环境，也就出现了不同的微气候环境，可有效促进室内空气的流动。错层形成的高度差，也可作采光界面以有效加强室内通风采光，达到防潮除湿的效果。

（二）院落内部的掉层空间

在巴蜀山地环境的风土院落中，为应对坡地地形，常将房屋基地做成阶梯状，房屋内部可形成高差为一层或多层的掉层空间，即民间所称的"天平地不平"。掉层空间模式避免了对基地环境的大规模填方，既经济，又不会破坏自然环境，还扩大了房屋使用面积，构成了多层次的功能使用空间，可满足日常生活多种功能的分层设置要求。如重庆巴南区的某风土院落（图3-54），合理利用地形关系形成掉层空间，对院落主屋内部空间进行分层处理，有效扩大了房屋内部的使用面积，也避免了对房屋基地进行简单的高切坡所产生的通风不畅以及采光不佳等情况。

图 3-54　重庆巴南区某风土院落的掉层空间

（三）院落内部的跌落空间

在巴蜀地区的山地环境中，当方位朝向与地形地貌走势发生矛盾时，风土院落多采取垂直等高线的布置方法。这种方式是以房屋开间或单元体空间为模块顺应地理走势，依次跌落，呈阶梯状分层下跌布局，从而形成跌落空间。与掉层空间"天平地不平"相异的特征是"天地皆不平"（图 3-55），如重庆北碚区的某风土院落采用跌落空间模式，极大地节省了土石方量，跌落的标高与间距随基地的实际地形变化，因地制宜，空间层次丰富，造型灵活多变。

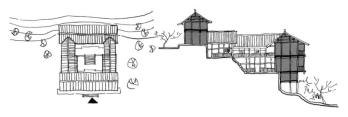

图 3-55　重庆北碚区某风土院落的跌落空间

当跌落空间的高差等于房屋层高时，常结合地形和道路灵活安排院落房屋的出入口。可单独设置入口空间，亦可分层设置，从而缩小室内交通面积。在跌落空间中，由于院落空间的各单元空间均不在同一标高，促使其在整体布局上保持院落空间的"围合—开敞"以及"开放—私密"关系，另一方面，各单元空间的分层下跌式布局，在室内空间的采光与通风方面并行不悖、互不干扰，从而可有效加强室内通风采光，达到防潮除湿的效果。

第四节　本章小结

　　首先，从顺应地形的架空式院落、因地制宜的筑台式院落、因势利导的靠崖式院落、院落空间的转折与变化四个方面论述地理环境与风土院落空间的关系。立足于田野调察，分析干栏式院落、吊脚式院落、骑楼与挑楼式院落，展现了顺应地形的架空式院落的特色构成；分析勒脚式院落以及分层筑台式院落，展现了因地制宜的筑台式院落的特色构成；分析上爬式靠崖院落以及下落式靠崖院落，展现了因势利导的靠崖式院落的特色构成；通过分析院落的"顺应环境、切割变换""争取空间、取平补齐""入口错位、转折变化"，展现了巴蜀风土院落空间的转折与变化。

　　其次，从气候环境与院落空间的功能特征、与院落空间的组合形态、与院落的特色空间形态以及院落的材料构造形态四个方面论述气候环境与风土院落空间。立足于田野调察，分析适应炎热多雨的气候特征——院落空间的遮阳与避雨，适应潮湿多雾的气候特征——院落空间的采光与除湿，适应日温差小、低风速的气候特征——院落空间的通风与降温，展现了气候环境与院落空间的功能特征；分析干栏与吊脚、天楼与地枕、天井与抱厅，展示了气候环境与院落空间的组合形态；分析挑檐与凉厅子、挑楼与骑楼、敞厅，展现了气候环境与院落的特色空间形态；分析薄壁墙、猫儿钻、冷摊瓦与亮瓦，展现了气候环境与院落的材料构造形态。

　　再次，从生产生活的户外化与院落的过渡空间、院落内部空间对地理气候环境的适应性两方面论述巴蜀地理气候环境与风土院落的生产生活空间。立足于田野调察，分析外向型过渡空间、内向型过渡空间、外向型与内向型过渡空间的比较，展现了生产生活的户外化与院落的中介空间；分析院落内部的错层空间、掉层空间以及跌落空间，展现了风土院落的内部空间对地理气候环境的适应性。

　　最后，通过对地理环境与风土院落空间、气候环境与风土院落空间、地理气候环境与风土院落的生产生活空间的三重考察，完成了从"地理—气候"的地理气候学考察向"形制—空间"的建筑学考察的转变，梳理了巴蜀地区的地理气候环境对院落空间的深刻影响，这种影响是地理气候环境通过对"人"的塑造，最终物质化于巴蜀风土建筑的院落空间中。

第四章 ｜ 政治经济环境与巴蜀
风土院落空间

巴蜀地区地处中国人文地理板块的西南腹地。就目前的考古发掘来看，广汉三星堆遗址、成都十二桥遗址、成都羊子山土台遗址等诸多文化遗址以及出土的尊、量、人像、面具、神树等青铜礼器，璋、援、戈、斧、璧等玉石礼器，面罩、权杖、饰物等黄金礼器，都显示了该地域政治经济文明的源远流长。在初期文明中，古巴蜀地区已出现发展较为成熟的干栏式建筑，成都十二桥建筑遗址及用作陪葬品的大量陶制房屋"明器"都源于当时典型的干栏建筑形态。这些干栏建筑的构造技术及其对山地环境的适应性为后世风土院落空间的发展乃至成熟奠定了坚实的文化技术基础。

由于地理空间的分割，古巴蜀地区内的各民族缺乏充分的文化交流，形成了较为封闭独立的"小国寡民"的社会制度。秦灭巴蜀后，秦王朝在此设郡，"与咸阳同制"（图4-1）。

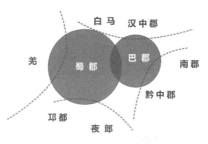

图 4-1　先秦时期巴蜀地区所置三郡

据《华阳国志·蜀志》记载："移秦民万家以实之。""秦之迁民皆居蜀。"[1]

楚民也沿江而上，大量入川，如《史记·项羽本纪》所载："江州以东，滨江山险，其人半楚。"[2] 秦昭王任李冰父子为蜀郡守，蜀地治水。应劭《风俗通》记载："秦昭王使李冰为蜀守……冰乃雍江作堋，穿郫江、检江，别支流，双过郡下以行舟船。岷

1.（东晋）常璩《华阳国志·蜀志》
2.（西汉）司马迁《史记·项羽本纪》

山多梓柏、大竹，颓随水流，坐致材木，功省用饶，又溉灌三郡，开稻田，于是蜀沃野千里，号为陆海，旱则引水浸润，雨则杜塞水门，故记曰：'水旱从人，不知饥馑，时无荒年，天下谓之天府也。'"[1]从此以后，历代巴蜀郡守均有岁修水利，为农耕稻作的发展提供了有力保障。"黍稷油油，粳稻莫莫"，正是对那时巴蜀农业盛况的真切表现。以农耕经济为支撑，该地区手工业也非常繁荣。《华阳国志》记载了那时天然气的使用，天然气即"火井"，取"井火"煮盐，"一斛水得五（斗）盐"，说明巴蜀制盐技术在秦汉时期已经处于世界先进水平。大量文献记载了西汉时期巴蜀各地掌管手工业生产的众多官职，诸如铁官、盐官、服官等，也说明该地区的手工业生产蓬勃发展。物产丰富、手工技术成熟，促进了巴蜀地区商贸经济的繁荣。金银器具、铁器、漆器及织锦等驰名天下，尤其是蜀锦，至三国时期，蜀汉政权在成都地区设有专司织锦生产与交易的"锦官"。明清以降（图4-2），巴蜀地区历经两次大规模的战乱，政治经济体系遭受严重打击，但随后多次"湖广填四川"的移民运动，不仅使巴蜀的社会经济再次复苏，还随之传入了南方各省的地域文化技术。其政治经济环境的各方面均受到直接影响，最终巴蜀地区特色鲜明、多元开放的社会文化环境逐步形成。

建筑作为人类政治经济环境的物质化表达，是政治经济

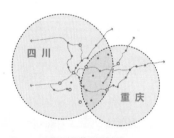

图4-2　明清时期的巴蜀地区

1.（东汉）应劭《风俗通》

制度变迁的空间反映。成熟于古巴蜀青铜时代的干栏式建筑，一方面缺乏空间等级区划，无法进一步体现权力等级，另一方面其单一性空间的使用功能也不能更好地满足日益复杂的生产生活。由于"院落"的存在从空间上可以衍生出丰富的使用功能、渐进的私密环境与复杂的等级场所，能较好地解决上述问题。"秦并巴蜀"以后，成熟于中原地区的合院建筑逐步与干栏建筑相结合，取得了长足的发展。至明清时期，加之南方移民文化的影响，风土院落空间已经同古蜀时期的干栏建筑文化和技术紧密结合并融为一体。总体来说，巴蜀地区古老的干栏文化，先进的农耕经济，发达的手工贸易，繁荣的商业往来，多元的移民文化，均物质化在巴蜀风土院落空间中。

第一节　巴蜀社会经济环境与风土院落空间

巴蜀地区的社会经济环境主要涵盖农耕经济与商业经济两部分，风土院落空间通过适应这两种不同的经济模式而呈现出鲜明的空间特色。其中，自然环境及社会文化是促使农耕生产成为巴蜀地区主要生产方式的根本因素。农耕经济方面，巴蜀地区素称"天府之国"，历史上，周边区域曾多次大闹"饥荒"，历代王朝均有"就食蜀汉"之政令，这无疑是巴蜀地区农耕稻作富饶丰盛的直接体现。其发达的农耕经济为商品交换提供了物质基础。加之以长江为主干，嘉陵江及乌江流域为核心的水运交通纵横交织，成为西南地区最高效的交通运输路径。由商贸码头发展而成的场镇聚落为商

品交换提供了交易场所，如吴承明先生所述："川江（长江）主
要支流嘉陵江、沱江、岷江都在粮食和棉、糖、盐产区，汇流而下，
集中在宜宾、泸州和重庆，从而形成了一个沿江的城市贸易系统。"[1]
这种沿江贸易系统直接推动了巴蜀地区商业经济的繁荣。

一、农耕经济与风土院落空间

　　古巴蜀时期，蜀王杜宇"教民务农，一号杜主"，又曰："巴
亦化其教而力务农，迄今巴蜀民农时先祀杜主君。"[2]巴蜀农业出
现在蜀王杜宇时代，所以"杜主君"世代得享巴蜀民众的祭祀。
秦并巴蜀后，"与咸阳同制"的政策带来了中原地区发达的农耕
技术，农耕文明所需求的大型水利工程得以兴建，较为先进的农
耕器具也广泛普及，巴蜀地区的农耕水平由此快速提高。由于其
地理环境特殊，异于中原地区农业生产出现的多次波动，巴蜀地
区较少受战争等的破坏。两汉已降，巴蜀的农业稳定持续发展，
其生产水平曾一度超越当时农耕文明的核心地带"关中地区"。
据资料表明，汉"武帝以后，中央王朝势力向西南地区南部深入……
铁农具、牛耕在整个西南地区普及，更多地区由刀耕火种转为深
耕细作，特别是巴蜀地区，从考古发掘与文献记载反映的农作工
序看，东汉时期当地的水稻栽培已相当精细，因而单位面积产量
相当高，甚至（达到）'亩收三十斛'。"[3]至明清时期，巴蜀地
区的农耕经济进入到精耕细作的成熟阶段，并形成了非常发达的

1. 吴承明《中国资本主义与国内市场》
2. 常璩. 华阳国志 [M]. 重庆：重庆出版社，2008.
3. 杨飞龙. 秦汉西南地区农业研究 [D]. 长沙：湖南师范大学，2004.

巴蜀农业区。悠久的农耕文化环境促使丰富的生活模式与技术经验积淀下来，这种模式与经验经过人的主观能动性物质化于巴蜀风土建筑的形态中。

巴蜀乡村住屋的院落形式与这种农耕经济模式紧密关联，这种关联主要体现在院落空间与耕地灌溉、院落空间与生产生活、院落空间与经济种植方面。

（一）院落空间与耕地灌溉

巴蜀地区的平原地带土地平坦，河流纵横，耕地多集中成片；丘陵、山地地带地形复杂，沟壑起伏，耕地多呈点状簇团分布。根据农田位置，以农耕经济为主的院落空间选址主要分为"分散而居"与"聚集而居"两种模式。

分散而居的院落空间散落于山腰与原野，一舍一户。由于地形复杂，地多田少，农家院落多依山傍水，靠近山坡向阳一侧，邻近水源（图 4–3），这样可有效解决传统社会农业生产对天然水源的苛刻需求。向阳的选址，是农作物生产加工（如晾晒稻谷等）的必需条件。在不宜作农田用地的近耕地区域建房，可有效节约耕地面积。由于与农田距离近，农耕季节劳作看护的效率极大提高。

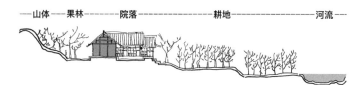

图 4-3　巴蜀地区的风土院落选址

图 4-4　雅安上里的风土建筑聚居院落

　　聚集而居的院落空间多选址于临河小平原、河流交汇处以及平滩坝区域。这种农家院落常几户至几十户集聚在一起（图4-4），在巴蜀地区，一般情况下，由同一姓氏随人口增加而逐渐形成，其农田多分布在聚落周边，通过聚居效应共用诸多农业生产资料而大幅提高农业生产效率。这种农家院落和周边茂密的林木、河流及外围农田等自然环境有机融合形成的集生产、生活和聚落、院落于一体的农业景观，被称为"林盘"景观（图4-5），特色鲜明，如著名的川西林盘。院落空间形态异质同构，注重结合环境，将聚落与院落、生产与生活融为一体。

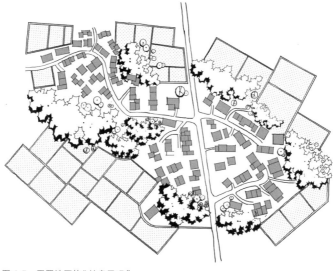

图 4-5　巴蜀地区的"林盘景观"

（二）院落空间与农耕生活

民间俗语"前空后拥"，即房舍前地势开阔，空间深远，用于形容巴蜀地区的农舍院落空间格局。地势开阔的格局是为适应农耕模式的打场晒谷，相对开敞则是考虑到照料农作物和家禽。房舍后有山可靠，形成环抱之势，这种向阳避风的生态格局是院落空间对自然气候适应性积累的结果。

总的来说，农舍院落空间组合灵活多样，力求适用，除满足日常生活起居功能外，还可充分适应农副业生产。院落空间既是生活起居空间，也是家务劳作空间（图4-6）。以院坝为核心、满足农家日常生产生活需求的多功能空间是农舍院落空间的重要特点。院坝场所又称"晒坝"，是从事手工副业以及家务活动的

图 4-6　巴蜀地区的风土院落中的生产空间

户外空间，其设置是因农耕经济下诸如收割季节打谷晒粮、临时堆放农作物的需要。

　　以酉阳县龚滩某风土院落（图 4-7）为例，屋前有约 80m² 的长方形院坝，院坝入口借助天然石块与树木形成入口空间。院坝前方为栅栏围合成的农家蔬果园。院坝后方为正屋三间并列，中间堂屋前墙后退，局部扩大为檐廊，是祭祀、迎宾、办理红白事

图 4-7　酉阳龚滩的某风土院落院坝入口空间

148

的场所。由于陈家人口较少，双侧人间，其中左边为厨房，右侧以中柱为界分前后两间，前间中部为木制家具等摆设，后间设典型的土家族"地楼"为卧室。"一字形"右侧一端是用石头砌筑的猪舍与便所。

（三）院落空间与经济种植

古诗有云："一曲清壑几曲田，数椽芭屋万山前，千株乔木千竿竹，半读儒书半读禅，茶自生香酒自熟，月明吹笛一登台。"这形象地反映了巴蜀农舍院落空间的重要组成部分，即"千株乔木千竿竹"。这些"竹木"既是院落空间的重要组成要素，也是巴蜀农舍院落的环境特色。这种竹木的栽种也与巴蜀地区农耕经济孕育的"敬畏自然，适应自然，结合自然，师法自然"的文化理念息息相关。

巴蜀农舍院落（图4-8）的房前屋后常种植有大量集经济与观赏性质于一体的林木。一方面，这些林木在农耕社会可满足基本生活需求，也可发展作副业经济，如桑树、芭蕉以及大量果林，在农闲时期可加工成副产品以换取额外收入；另一方面，这些林木种植于院坝房屋周围，形成了天然绿色屏障，自然地围合着幽静的院落。通过树木来限定空间，具有多重优点，在一定程度上可避免外界视线对院落"家空间"的私密性的干扰，也可营造出

图 4-8 巴蜀地区的风土院落植被环境

图 4-9 重庆酉阳土家族大寨的风土院落群

生态自然的微气候循环。

典型的土家族曲尺形院落，以重庆酉阳土家族风土院落为例（图 4-9），主屋后面是大片竹林和数株杏树、梨树，院坝右侧有一株大枣树，院坝前侧有灌木丛和十余棵桃树，前方有大片良田。这些经济林木不仅自然限定了开敞的院坝空间，有效减少了右侧公路的干扰，创造了幽静自然的院落环境，更带来了可观的农副产品。

二、商业经济与风土院落空间

巴蜀地区历史悠久的农耕文明，为商业发展奠定了坚实的根基。明清两次大规模移民活动极大地推动了商贸经济的发展。一方面，移民活动带来了各区域先进的科学技术和生产资料，促进了巴蜀地区经济的复苏发展；另一方面，一批经济作物如红薯、甘蔗、烟叶等被引入四川。这些农产品被带入，逐步扩大再生产，一种新的农业生产方式——商品性农业生产在巴蜀地区成长并成熟起来。据（清）县志记载，原住民多从事粮食作物耕种，移民多从事经济作物种植和贸易。如南溪县"大约土著之民多依山耕田，新籍之民多临河种地，种地者栽烟植蕉，力较逸于田而利或倍之"；又如新繁县"流寓之民，兼趋工贾，土著之户，专力农桑"[1]。随着巴蜀商品性农业生产的不断扩大和农耕生产分工的不断细化，商品交换成为首要问题，因自然条件不同，还存在地区性经济差异，由此，地区间的商品交换成为必然趋势，大量作为规模商品集散地的场镇聚落在巴蜀地区应运而生。

尤其是其主要交通运输线，巴蜀地区凭借以长江、嘉陵江、乌江等为主的河流及其支系而成为全国商贸重地，货运贸易往来频繁，商业发达。商业型风土建筑多毗邻交通便利、居民集中的城镇、水域码头等，这在很大程度上改变了巴蜀地区的人口从业结构，商业性人口比重大幅提高。商业贸易的发展带动了场镇建设，在清朝中期，随着小商品经济持续深化以及地区性市场的成熟，巴蜀地区的场镇发展达到巅峰。据相关统计，当时其场镇数量居全国首位。场镇里作为商业活动空间的风土建筑的建设也达到高峰（图4-10），作坊、店铺、祠庙、会馆、酒楼、戏楼等多种风土建筑的数量及其质量都显著提升，繁荣景象前所未有。

若要进一步梳理商业经济背景下的巴蜀风土院落空间，须深层次考察商业性风土建筑的院落形式与巴蜀商业经济模式之间的

---

1. 清嘉庆二十一年（1816年），常明修，杨芳灿纂，《四川通志》，卷226

图 4-10　1909 年四川成都城内的风土院落群
（来源：Thomas C.Chamberlin，*Papers of T.C. Chamberlin*，1909-1910）

空间联系。这种联系一方面反映在巴蜀地区场镇建筑的主要布局
形式中，在风土建筑功能方面催生了店宅式，出现了作坊式等多
种功能混合的院落；另一方面反映在巴蜀地区的同乡和行业会馆
随各地移民迁入和商业人口增加也兴极一时，变成了该区域场镇
的标识性建筑。如江西会馆，俗称"万寿宫"，其封火山墙极具
特点；如两湖会馆，俗称"禹王宫"，牌楼门气象万千，多宏伟
高大；如两广会馆，俗称"南华宫"，雕刻装饰多奢华艳丽、气
势恢宏。

（一）行业会馆与商贸交流

　　据文献资料统计，由于大量移民迁入与商业贸易活动的深入，
清中后期巴蜀地区的各类会馆多达 1400 余座（表 4-1），属全
国会馆数量最多的区域。通过光绪二十七年（1901 年）重庆同
业公会的业务概况（表 4-2）可知，从起初因地缘关系而建的移

清代中后期巴蜀会馆统计　　　　　　表 4-1

分区	总数	湖广会馆	广东会馆	江西会馆	福建会馆	陕西会馆	贵州会馆	云南会馆	江南会馆	河南会馆	山西会馆	广西会馆	燕鲁会馆
成都	182	47	24	49	18	25	7	1	5	2	2	1	1
川东	156	81	9	34	13	12	2		4		1		
川中	324	126	59	78	28	21	11				1		
川西	58	14	6	13	3	18	2				2		
川北	212	57	39	29	11	70	4		1			1	
川南	374	129	81	93	39	18	12	1	1				
川西南	94	23	24	24	4	5	11	3					
总计	1400	477	242	320	116	169	49	5	11	2	6	2	1
百分比 /%	100	34.07	17.92	22.86	8.29	12.07	3.05	0.36	0.79	0.14	0.43	0.14	0.07

（来源：《西南历史文化地理》）

1901 年重庆同业公会的业务概况　　　　　　表 4-2

同业公会名称	经营种类
八省公所	棉花
买帮公所	棉花
行帮公所	棉花
盐帮公所	食盐
同庆公所	棉纱
纸帮公所	纸张
酒帮公所	酒类
糖帮公所	食糖
绸帮公所	丝货
书帮公所	书籍
河南公所	杂货
扣帮公所	纽扣

（来源：《西南历史文化地理》）

民会馆到形成"业缘"关系的行业会馆，会馆与当地商贸活动的联系日趋紧密，变成了同行业之间商品交换、处理商务、保障共同利益、规范商业行为的场所。与商贸交流密切相关的行业会馆建筑在院落组织上必然体现这种空间关系，其具体体现为行业会馆在院落组织上所营造的"行业会展空间""行业祭祀空间""戏曲娱乐空间"和"暂住议事空间"。会馆院落的基本功能围绕以上四大特征展开。促进行业交流发展的会展功能要求行业会馆具备院坝展场功能；增进同行信仰的仪式需求要求行业会馆院落具备祠堂祭祀功能；维护情感的娱乐需求要求行业会馆院落具备戏台观厅功能；提供同行议事暂住需求要求行业会馆院落具备议事客房功能。

巴蜀行业会馆基本形制可概括为以戏楼、院坝、过厅、正殿、后堂为轴线的院落空间序列（图4-11）。戏楼一般为底层架空式建筑，底层作为入口通道；过厅坐落在戏楼与正殿之间，将会馆分隔为前后两进院落，过厅在日常使用方面也用作看台以供看戏；巴蜀地区大型会馆建筑中的正殿和戏楼双侧除设厢房外，还分别设钟楼与鼓楼，用走马廊与正殿相连，戏楼与正殿作为会馆的两

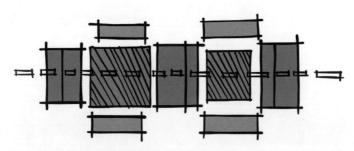

图4-11　巴蜀地区行业会馆的空间序列

个标志性建筑分别置于前后，而正厅作为空间的转折之处置于中部：以戏楼为核心的世俗娱乐空间和以正殿为核心的精神祭祀空间由此形成。在行业会馆的空间形态上，以戏台为核心的前广场带有公共性，空间处理较为开阔通透，可达性强，群众皆可进入，通常具有多种功能，除了用作摆场观戏、迎神联谊等风俗活动的场所外，还可作为行业贸易的交易市场进行商业活动。而以"正殿—后堂"为核心的后半区比较私密，空间处理较为紧凑精细，一般仅供同行及同乡中的话事人出入。

巴蜀行业会馆院落并不囿于基本形制，多依据实际用地情况、经济实力以及价值信仰而呈现出不拘一格的形式与规格。在规模较小的会馆中，通常只有一进院落，休娱戏台和祭神殿堂多合为一体，尚未明确区分，如酉阳龚滩西秦会馆（图 4-12、图 4-13）。在规模较大的会馆中，为保证议事和居住的私密性，为议事厅专设一进院落，构成多跨院落的布局，如四川自贡市西秦会馆（图 4-14）以及泸州市叙永县的陕西会馆，进大门后沿中轴线的空间序列依次为乐楼—大厅—正殿—三官殿，为四进院落，院坝、天井组合巧妙，相映成趣（图 4-15）。

图 4-12　酉阳龚滩西秦会馆

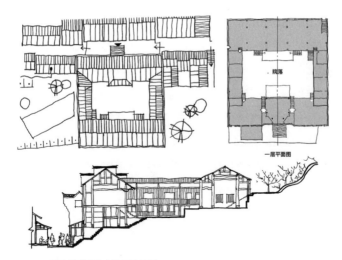

图 4-13　酉阳龚滩西秦会馆平立面图

图 4-14　自贡市西秦会馆院落空间
（来源：Ernst Boerschmann. *Baukunst und Landschaft in China*, 1923）

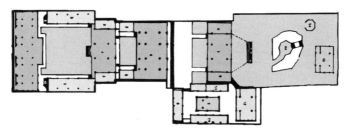

图4-15 泸州市叙永县的陕西会馆平面图
（来源：作者改绘自《四川古建筑》）

（二）店宅院落与商业贸易

明清以来，巴蜀地区商业行会组织日益完善。各行业均集中成街，行业街市趋向成熟，促进了风土院落按照行业特征统一式样，沿街分段修建。各行业不同的经营及供求模式，促成所建店铺通过院坝和天井的方式灵活组织空间，以此构成多功能的空间布局。这类风土院落以居住功能为主，兼具经营、生产等多种功能，既有生活空间，也有商业空间，一般称为店宅院落。

店宅院落临街设置，鉴于场镇临街地价昂贵，受用地限制，若要组织起居与商贸等功能空间，只能向纵深方向和竖向发展，进而造成店宅院落多面宽小、进深大、密度高。店宅构造多以穿斗式木构连架为主，店面以开间为单位，面阔3~4m，进深8~12m。大多店宅（图4-16）为一间一店，院落面宽与进深之比在1∶4

图4-16 双流县黄龙溪古镇某店宅院落

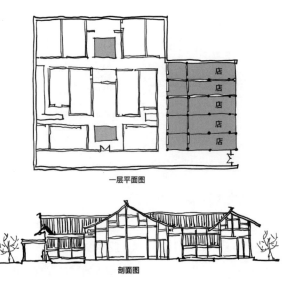

一层平面图

剖面图

图 4-17 四川成都地区某店宅院落

以上。当然，也有用于大型商业经营的店宅院落（图 4-17），店面宽度多在双开间以上，有的甚至达到五开间。此类型建筑功能布局简单，空间组织紧凑，风格造型朴素实用。其院落空间与形态布局紧紧围绕"商业贸易"与"生活起居"功能，在交通组织以及空间组合方面有以下特点：

1. 空间组合灵活可变以适应营业需求

风土建筑中，店宅院落的营业空间常因业主变更、出租或经营内容变化而发生改变。为满足商业空间尺度的多样需求，在空间的组合上灵活多变，如店宅院落常利用带转轴的隔扇门以及可拆解的软隔断来进行空间划分（图 4-18），关闭时形成区隔，可根据需要移动位置，非常便于拆卸。在店宅院落中，为使垂直交通不占用过多商用面积，一般设活动楼梯（图 4-19），位于店面

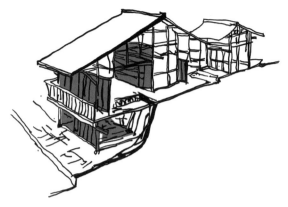

图 4-18　巴蜀地区店宅院落的软隔断

图 4-19　巴蜀地区店宅院落的活动楼梯

内或小过厅靠墙侧，灵活布置，临时架设，十分方便。

2. 空间布局紧凑实用以适应场镇的高昂地价

如果店宅院落进深不是很大，房间之间一般直接相邻串联，不设走廊。空间布局以天井为核心（图 4-20），天井四周的檐下空间既是生活起居的重要补充空间，又是内部交通空间。若进深很大，

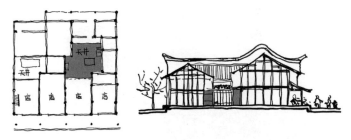

图 4-20　巴蜀地区以天井为核心的店宅院落

图 4-21　巴蜀地区以过厅为核心的店宅院落

为减少流线干扰，一般在店宅院落中部设小过厅短走道（图 4-21），
这个空间既是水平与垂直交通的枢纽，又是"商贸"与"生活"空
间的过渡，也可进一步缓解商业活动对居住空间的干扰。

第二节　巴蜀民间防卫安全与风土院落空间

　　自古以来巴蜀地区在中国人文地理板块中具有重要的战略地
位，使其在政治军事上具有特殊意义。历史上，巴蜀地区的农民
曾多次起义，皆受到当局的高度重视和强力镇压。诸如清嘉庆四
年（1799 年），仁宗推广坚壁清野；咸丰九年（1859 年），云南
昭通突发李永和领导的反清农民起义；晚清时期，太平天国农民

起义等。为防止政局动荡以及山区匪患危害正常生活，有防御属性的院落成为特定时期的特殊产物。

在巴蜀地区，含有防御性的院落大多分布在东部山地和丘陵地带。一方面，复杂的地形地貌增加了住居安全的不稳定性，加之分散居住的风俗习惯在巴蜀长盛不衰，导致住所的安全问题突出，如《隋书·地理志》所载："父子异居自昔既然"，这是山地丘陵地带形成防卫式风土院落的客观因素；另一方面，明清时期，巴蜀文化深受当时的移民政策、反传统思潮、动荡的社会经济等影响，这种制度和文化的变革直接影响着防卫式风土院落的风格。

巴蜀地区的防卫式院落主要分为寨堡式院落与碉楼式院落。据不完全统计，开县、奉节、巫溪、广安、自贡、宜宾等地区均存有寨堡式院落（图4-22）。以梁平县为例，流传着"一金城（寨），二乐都（寨），三猫儿（寨），四牛头（寨）"的说法，并且这些寨堡以险、固、大、绝闻名。除此之外，全县境内寨堡林立，分布有200多座寨子。宜宾、涪陵、武隆等区县分布有大量碉楼式院落，具有代表性的要数宜宾李场的顽宅、涪陵大顺场的李宅、

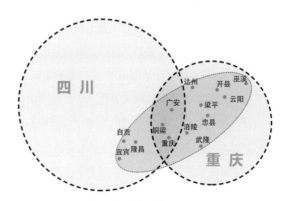

图4-22　巴蜀地区防卫式院落的分布概况

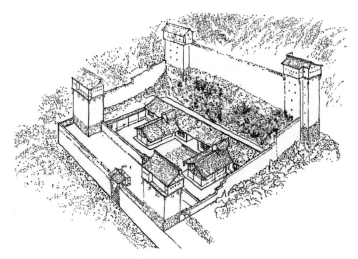

图 4-23　武隆刘宅碉楼式院落空间
（来源：《四川民居散论》）

武隆长坪的刘宅（图 4-23）等。

一、以防卫安全为核心的寨堡式院落

寨堡式院落的空间环境是以防卫安全为核心的。空间布局注重依山顺势、易守难攻；入口道路的选择强调曲折盘桓、因势利导；受自然环境影响，内部空间充分结合地形，采用多种空间组织方式，构造富于变化、样式丰富的庭院和天井空间。寨堡式院落大多选址于险峻山顶，依山而建，高耸坚固的寨墙沿着险峻的山体崖壁修筑，与环境浑然一体，各种形式的垛口、射击孔密布在墙体之上。建筑整体风格粗犷有力（图 4-24），与传统风土院落对比强烈，这些特征都源于寨堡式院落突出的防御功能。

图4-24　重庆龙兴古镇贺家寨

（一）因地制宜、封闭围合的院落外部空间

　　为达到良好的防御效果，寨堡式院落的外部寨墙与院落布局充分利用地形地貌，使"环状空间"契合地形，呈现出不规则的外部空间形态，"院落追随地形"的特点突出。这是寨堡式院落在布局上"因地制宜"的体现，如广安的宝箴寨受地形地貌限制，其寨墙呈现出不规则的自由布局（图4-25），院落也通过天井与院坝自由组织，空间布局极其灵活多变（图4-26）。这种自由的流动性院落布局正是对"因地制宜"的直观写照。又如云阳的彭氏宗祠（图4-27）选址在三面绝壁的山丘上，沿着山地地形的抬高，其外部造型和内部空间都随着上升，在地势最高点营建九层碉楼，由此产生了一种山势上升的延续感，其材料和色彩也与山体浑然一体。这种布局对山体制高点进行空间控制，又与环境融为一体。

　　寨堡式院落亦表现出"封闭围合"的形态特征，可以说"封

图 4-25　宝箴寨内外围护结构对比

图 4-26　宝箴寨特色井院空间

图4-27　重庆云阳县彭氏宗祠

闭围合"是院落防御系统的直接空间阐释。首先，在视觉效应上，寨堡式院落一般选址在山头制高点或山崖绝壁处，这种自然地貌提高了建筑的相对高度，加之寨堡式院落大多有形态封闭的碉楼，这两者都带来了坚实感与距离感。其次，寨墙一般采用土石作为主要建筑材料，沉重的石材与厚重的夯土保证了寨堡风土建筑的体量浑厚沉稳，给人以坚实封闭的心理暗示。最后，寨堡式院落围合成环状界面，除了寨墙上的垛口、射击孔外，成了名副其实"封闭围合"的土石空间体。

（二）界面封闭、内部通透的院落内部空间

寨堡式院落的防卫特点造成院落的边界是封闭的，寨堡式院

落空间由外部防御空间和内部生活空间所组成，两者在空间上自成体系又相互渗透。从构造营建上，根据不同的限制因素，时而紧密结合，时而自成系统。比如屏山龙宅（图4-28），两部分的空间几乎各自独立，其空间结构由外围带有环廊的寨墙和内部的三进式天井院落构成。而重庆龙兴古镇贺家寨（图4-29），其空间结构通过天井院坝组织生活起居空间，与外围寨墙和环廊空间紧密结合。

　　对于寨堡式院落，自由通透是其内部院落空间组织的核心特点，表现为院坝、天井与室内空间自由流畅的衔接关系。其空间原型源于因地制宜、封闭围合的外部空间，这在其他类型的风土院落中是不常见的。寨堡式院落边界封闭，在内部空间生活起居

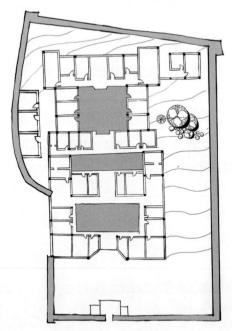

图4-28　屏山龙宅平面图
（来源：作者根据《四川民居》及田野调查改绘）

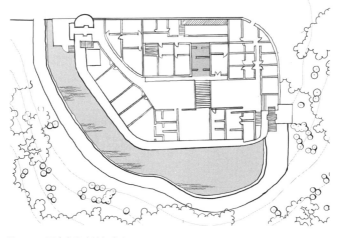

图 4-29 重庆龙兴古镇贺家寨
（来源：作者根据《四川民居》及田野调查改绘）

的人难免会有沉闷、压抑之感，而自由通透的院坝与天井一方面通过控制形态与尺度有效增加了空间的层次与趣味，极大地丰富了空间的可读性，另一方面通过选择材料与色彩有效增强了空间的标识与情感，给居住者带来了极大的归属感与领域感。

　　广安宝箴寨的东部院落形态为三角形院坝空间，呈东西走向，东宽西窄，南面是弧形环廊，通过环廊垛墙上的开口可以欣赏宝箴寨外秀丽的田园景色。院落北部的挑檐空间、东部的敞厅以及西部的过厅相结合，形成了多层次的空间体验，也获得了多重观景趣味（图 4-30）。这种层次丰富、景观多重的空间布局方式，可谓院落空间营造的上乘之作。形成这样的空间造型（图 4-31），究其缘由，实则是一种寨墙沿陡峭坡地修建，从而造成寨内用地紧张的被动性适应结果。

图 4-30　四川广安宝箴寨的院落空间

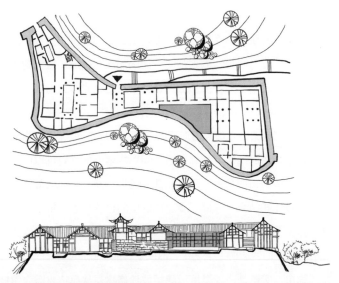

图 4-31　四川广安宝箴寨的院落空间

二、住居为主、兼具防卫的碉楼式院落

巴蜀考古器物上的碉楼式院落最早出现在汉代，东汉牧马山画像砖上刻画的碉楼在大型庭院之中，又称"望楼"，若遇危急情况，便可以"登楼击鼓，警告邻里，使之相救助"。明清时期，诸地移民涌入，带来了其他地区成熟的碉楼形制与技术，并直接影响了该地区后期碉楼式院落的空间形态。《四川新地志》谈及碉楼与民居的关系："富贵者且多于房角，特建高碉，以石片为壁，有高至十丈者，每层均有枪眼，甚为雄壮。"[1] 由此可见，碉楼院落（图4-32）是巴蜀地区风土院落的一种普遍类型。

图 4-32 重庆南川邓氏宅院

（一）碉楼式风土院落组合的单元与模式

在巴蜀地区的碉楼式院落中，碉楼的组合模式及其数量一般

1.（民国）郑励俭纂，《四川新地志》，1947年铅印本

图 4-33　四川高县鱼塘湾王宅
（来源：作者根据《四川民居》及田野调查改绘）

取决于碉楼式院落的规模，小型碉楼式院落常设一个碉楼，大、中型碉楼式院落设置两个甚至更多。碉楼式院落的组合类型可分成结合式、分离式以及混合式。

结合式碉楼院落的组合方式即碉楼与风土院落主体紧密连接，使用和出入碉楼都很便利，空间紧凑，利于防卫。这种结合式的碉楼院落，碉楼多置于院落前侧邻近厨房的拐角部位，这种布置既利于监护院落周边环境，也有利于碉楼的使用。同时，当住户被困时，也能及时通过厨房补给食物。如四川高县鱼塘湾王宅（图 4-33）即为规模较小的曲尺形碉楼式院落。规模较大的案例有纳溪区绍坝乡刘氏庄园（图 4-34）。

分离式碉楼院落的组合方式即碉楼与风土院落主体相分离，碉楼与院落主体保持一定间隔，通过院坝、长廊、栈桥或围墙与院落主体相联系，如宜宾李场乡邓宅（图 4-35）。这样的组合方式主要是为占据更有利的地形环境，以尽可能突出碉楼的防卫功能。碉楼与民居之间保持一定的距离，如涪陵刘宅（图 4-36），坐西北朝东南，位于山坡下的平坝区域，而碉楼位于宅后西北角的山坡上，碉楼与住宅相隔约 4m，约有 10m 落差。该宅院为二进院落，为联系碉楼与宅院，在正房右侧稍间的屋顶上揭瓦开洞设

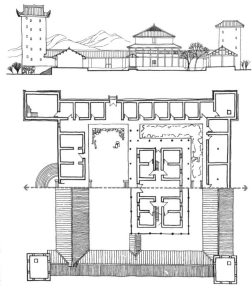

图 4-34　纳溪绍坝乡刘氏庄园
（来源：作者根据《四川民居》及田野调查改绘）

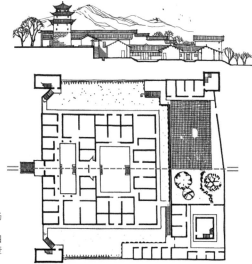

图 4-35　宜宾李场乡邓宅
（来源：作者根据《四川民居》及田野调查改绘）

171

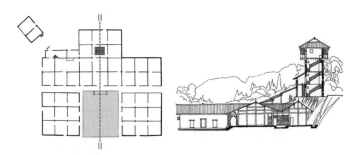

图 4-36　重庆涪陵刘宅
（来源：《中国民居建筑》）

木梁跨出屋顶，搭风雨廊以连接稍间后坡与碉楼底部[1]。

　　混合式的碉楼院落组合即同时采取结合与分离作为碉楼的构造模式，这类组合方式一般以设多个碉楼来体现，一般出现在大型碉楼式院落中，兼具碉楼院落结合式与分离式两者的优点。如重庆江津会龙庄（图 4-37），属大型碉楼式院落，原为五个碉楼，其中三个置于宅院周围的三处山顶，用高 4m、宽 2m 的石围墙联系三个碉楼。现仅存两座，一座位于后院，也作家眷起居用房，另一座位于前院，兼具储藏和客人居住的功能[2]（图 4-38）。在类似的大型碉楼式院落中，多座碉楼互为犄角，共同承担安全防卫功能，由此，在院落四周对角处设置呈对称布局的碉楼，甚至扩大其中一座碉楼的规模以占据主体地位，便于统领全局、侦查四周，从而形成立体监护网。

1. 季富政 . 巴蜀城镇与风土建筑续集 [M] . 成都：西南交通大学出版社，2008.
2. 季富政 . 巴蜀城镇与风土建筑续集 [M] . 成都：西南交通大学出版社，1996.

图 4-37　重庆江津会龙庄

图 4-38　重庆江津会龙庄平面图

（二）风土院落中碉楼的位置与形态

在天井院落式的合院风土建筑中，碉楼多坐落在院落的拐角处，一般不会处在院落的中轴线上（图4–39）。究其缘由，这种布局一方面能从整体上加强院墙结构的稳定性，同时，碉楼作为强有力的防卫因素置于拐角处能加大有效防卫面积，发挥最大作用；另一方面，出于传统伦理法度，院落的中轴具有神圣性，是举行家族礼仪活动、祭祀祖先、崇拜神灵的神圣路线，而碉楼作为风土院落的防御用房，自然不能设于核心位置。碉楼式院落多为一进或两进，局部地区的碉楼被院墙上的连廊串联在一起，加强相互之间的交通流线，以保证人们能及时到防卫阵地。

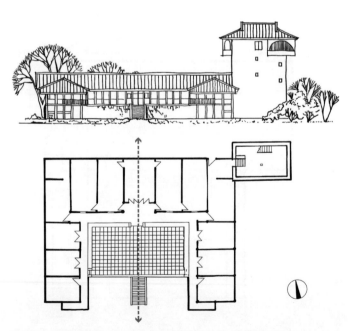

图 4-39　重庆涪陵陈宅（来源：作者根据《四川民居》及田野调查改绘）

碉楼具备的防御功能对自身空间有其特有需求，这体现在碉楼空间的平面形制、尺度规格、围护构造以及功能组织上。碉楼的层数较多，层数与高度主要根据地形环境和防御需要进行调整，内部垂直交通依靠木楼梯相连接。平面形式采用四角形、六角形乃至八角形，这种形式能保证各防御方向的均等性。墙体主要以砖、石、夯土为原料，墙体较厚，窗门较小，因此，整体楼栋极为厚重。碉楼在靠近顶部的外围常会出挑回廊。挑廊一方面是基于防御目的，以便瞭望四面，掌握碉楼附近的情况，击杀对手；另一方面，挑台亦有通风纳凉的作用，这样能较好地保证通风效果，也能解决登高观景的需求。在尺度上，碉楼平面一般在 4m×5m 左右，有的稍大。如江津会龙庄碉楼（图 4-40），平面呈 6m 见方，高约 18m，位于整个合院右上端，这与其地理位置相对偏远、防御力量需适当加强有关。

（三）从防卫碉楼到观景望楼的空间变迁

拥有防卫功能的碉楼建造于风土建筑之中，并通过院坝、敞廊或院墙与风土建筑主体连为一体，使得二者在空间上互相连接，碉楼敞亮、干燥、私密且视线开阔（图 4-41）。

受历史因素影响及地区环境的综合作用，碉楼在功能上也不仅用于防卫，还演变出了登高望远、休闲观景等多样功能。这种不具备防卫功能的"碉楼空间"在民间俗称"望楼"，顾名思义，即具有休闲、观景、聚会等功能的重楼。

碉楼与望楼在空间形态上皆高耸挺拔，但由于望楼不再考虑军事防御，已经融合了日常生活起居功能，从而促使传统的夯土厚墙砌筑的碉楼转变为不具防御功能的轻盈的木构楼阁，其在

图 4-40　重庆江津会龙庄碉楼

图 4-41　重庆涪陵大屋基碉楼

功能上也衍变出了小姐楼、绣花楼、读书楼、耍亭子、会客厅等（图 4-42）。由此，碉楼的形式和内涵都发生了转变，衍生出了功能多样、造型轻巧的"望楼"建筑文化形迹，这种现象丰富了风土院落的空间类型，促使建筑院落单调低矮的空间轮廓线发生改变，诗意地延伸了风土建筑的院落空间。

三、寨堡式院落与碉楼式院落的比较

寨堡式与碉楼式风土院落虽然都有防卫性质，但在空间机制上各有其特色鲜明的功能定位与建造理念。

图 4-42　广安市武胜段家望楼

寨堡式风土院落的建造核心是防御功能，这个核心理念贯穿寨堡式院落空间建构的全过程。从寨堡式院落的选址布局、技术构造到材料选择及细部装饰的考量都体现了其防御特征，并且这类特征最终体现在其空间与造型上。寨堡式风土院落可以说是封闭而具备对外攻击能力的整体防御系统。除此以外，日常生活起居功能亦是寨堡式院落的基础。无论是作为暂时的庇护所，还是作为长久的起居场所，寨堡式院落都具备与之对应的功能空间。

碉楼式院落是具备防御能力的风土宅院，其核心建造思想主要是满足居住者的日常生产生活。设在院落空间局部的碉楼具有防卫功能，也兼具日常存贮的功能，相当于一个临时抵御外来侵犯的防御场所。在部分地区，碉楼还演变为望楼，成为小姐楼、绣花楼、读书楼、耍亭子、会客厅等满足日常生活起居功能的风土建筑形态。碉楼式院落选址对地理位置、地形地貌都没有特殊要求，碉楼院落一般不封闭围合，而是根据实际情况组合成曲尺形院落、三合院等开敞型院落，其防卫功能的整体性与全面性均不及寨堡式院落。

第三节　巴蜀士绅商贾团体与风土院落空间

宋元已降，巴蜀地区战火连年，"湖广填四川"在元末明初进入高潮，其人员构成多由掌控局势的军屯、政府主导的移民、红巾农民起义军、其他避乱入蜀者所构成。得益于明初的修养生息政策，巴蜀地区经济在一定程度上有所恢复，人口也得到了增

长。伴随着明中期的全国性经济复苏，城市的内部功能布局也顺
应社会经济发展的需求而产生变化，宋元以来的临街设店、按行
成街的布局模式进一步发展完善，此时巴蜀场镇聚落开始大量出
现（图 4-43），许多新兴的手工业、商业、交通场镇变成巴蜀地
区社会经济发展的主要构成部分，为清代商贸繁荣的场镇聚落文
化奠定了基础。

　　明末清初，巴蜀地区人口因战乱与天灾剧降，生产再度停滞，
历史上第二次"湖广填四川"的移民运动拉开序幕。得益于原有
的社会经济基础，至清中期，巴蜀地区的社会经济逐步复苏并实
现超越式发展，社会政治环境也趋向稳定。移民活动带来的多样
建筑文化的昌盛，区域商贸市场日益成熟，经济得以持续稳定发
展，当地士绅商贾阶层也逐步稳定固化，作为生产资料的拥有者

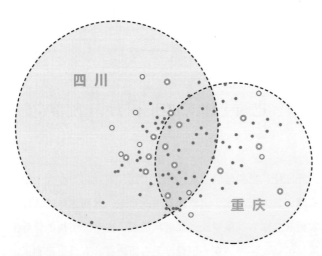

图 4-43　清代巴蜀城镇的等级与分布示意图

或管理者，他们的社会地位与政治地位较高并掌握了大量财富。为享有更优越的生产生活环境，他们通过各自的人力、物力及财力资源竞相建造了众多大型风土院落。经过地域文化技术的衍变，这些斥巨资修建的士绅商贾院落最终形成了独特的院落空间形态和稳定的技术建造体系，可以说是巴蜀地区民间技术、艺术以及文化的最高成就，代表了巴蜀地区风土院落发展的巅峰。

一、以轴线序列为结构的基本形制

儒家思想以"礼"为中心，崇尚"长尊幼卑，男尊女卑，嫡尊庶卑"的宗法伦理观念，讲求等级制度。士绅商贾阶层作为儒家思想的布道者，儒家伦理秩序必然在其宅院空间中有所反映。伦理秩序物质化的体现离不开空间场所轴线序列的营造，士绅商贾院落在基本形制上极为讲究轴线序列，以轴线序列限制主次建筑的方位与朝向，从而塑造空间的秩序与层次。

（一）士绅商贾院落的基本格局

士绅商贾建筑的基本格局多为三进以上的院落。主轴线上，第一进为门屋或倒座，第二进为会客功能的正厅，第三进为起居功能的后堂，前院和后院一般都设有两厢房（图4-44）。大型的士绅院落除在纵深轴线上设置三进以上的院落外，在横向轴线上也会设置多进院落组群（图4-45）。

院落多以正厅为界，区分内外。外院空间为宴请宾客等公共交流活动的空间，院落布局严整，开阔大气；内院空间为女眷活动等家庭起居活动的私密性空间，院落空间灵活多变，层次丰富。

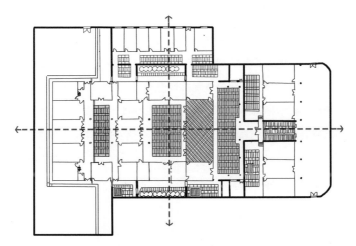

图 4-44　潼南双江镇田坝大院基本布局
（来源：《潼南双江古镇杨氏宅院研究》）

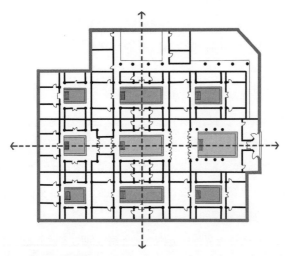

图 4-45　南川德星垣平面轴线
（来源:《巴渝地区合院民居及其防御特色研究》）

外院空间常设多处花厅作宴请宾客之用，同样按照礼制要求，男女有别，一般男花厅居左侧，女花厅居右侧。花厅常设檐廊，侧设美人靠，规格较高者的屋顶做卷棚式。花厅空间多样，装饰精美。内院空间除日常起居的院落天井组合外，一般皆设花园，花园内设有假山、池塘、亭台楼阁，极尽精致华美。

总体来说，内外院一般在轴线上纵向构成三进以上的院落空间，以轴线序列形成空间层次，构成前堂后寝，后设花园，横向上也常跨院，门与正厅之间设置过厅过渡。

（二）士绅商贾院落的基本类型

巴蜀地区的士绅商贾院落基本存有贯穿全院的轴线序列，主体建筑及院落均保持在主轴线上，但由于受地理环境与山水自然观的影响，也会出现平面轴线转折变化以及空间序列灵活多变的情况。根据平面轴线与空间序列的差异，士绅商贾院落可分为府第宅院与庄园宅院两类。

府第宅院多为士官阶层的生活起居空间，深受中国传统儒家礼制思想制约。这类宅院多分布在成都平原的城郊地区。一方面是由于平原地貌开阔、平整，为院落空间序列的轴线对称提供了客观条件；另一方面，靠近城镇的地区经济发达、交通便利，亦是区域性的行政管理中心，便于经营商贸或处理行政事务。其空间特点是轴线有序、布局方正、形制严整，如崇州杨遇春宅（图4-46）等。

庄园宅院是乡绅地主阶层的生活起居空间，深受当地山水环境影响。这类宅院一般分布在巴蜀山地丘陵的田野乡村中，一方面是由于山地丘陵的地形复杂多变，为适应用地环境，风土院落

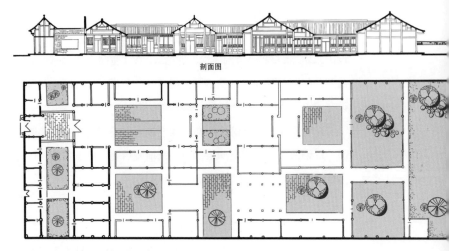

剖面图

图 4-46　四川崇州杨遇春宅
（来源：　作者根据《四川民居》及田野调查改绘）

不得不采用灵活的布局方式；另一方面是由于这些深居乡野之间
的部分乡绅地主阶层是衣锦还乡的功成名就之士，他们希望归乡
安享清闲之日，还有一部分是安居乡野的富甲一方之士，植根于
这片土地的开拓与发展。这个群体深受中国传统士大夫人文情怀
的影响，又兼顾伦理观念和等级制度，热衷于山水意境。这种天
人合一、不拘一格的思想自然在其生活起居空间中有所反映。其
空间特点是轴线转折、装饰质朴、布局灵动且层次丰富，如大邑
县刘文彩庄园（图 4-47）等。

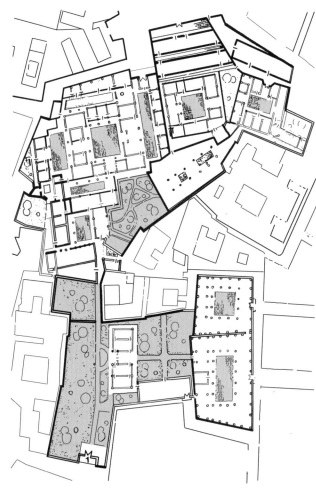

图 4-47 四川大邑县刘文彩庄园平面图
（来源：作者根据《四川民居》及田野调查改绘）

二、以天井院坝为单元的空间扩展

巴蜀地区的士绅商贾院落多为大型多进式宅院，其空间组织以数个天井院坝为单元，按主轴与次轴组织空间序列。以天井为单元的窄院空间和以院坝为单元的大院空间互相组合并赋予其不同的功能，从而形成功能完备、秩序感极强、有主有次的多进组合式宅院空间。

（一）伦常功能与空间基本形制中的单元及意旨

士绅商贾建筑的空间布局严谨、灵活多变，由院坝式单元与天井式单元构成的组合方式极具地域特色，空间连续紧凑，不拘泥于基本形制。

其中院坝式基本单元在巴蜀地区复杂的地形地貌的限制下，可灵活布局，因地制宜。房屋围合的院坝是一个露天的综合性功能空间，是家庭生产生活的场地，是联系房屋的枢纽与活动中心。天井式基本单元最初原型多分布在商业贸易频繁的场镇中，一方面由于用地有限，在尽可能地增加房屋使用面积的同时，兼顾房屋的采光通风；另一方面则受到巴蜀地区潮湿多雨的气候环境与移民文化的影响，发展衍生出了这种形态自由的小天井单元。其基本形制是将门屋、正屋与两侧厢房的屋顶交接构成上下厅房，形成围绕井院建房，四方聚合的特征（图4-48）。下厅房一般承担次要功能，院落入口"朝门"大多设于下厅房中部，呈中轴对称布局；为了适应自然地理环境，西南地区常将三合院厢房的吊脚楼上部连成一体，形成四合院，两厢房的楼下即为入口"朝门"。这种空间形态进一步发展，即可成"二进一抱厅""四合五天井"等空间。

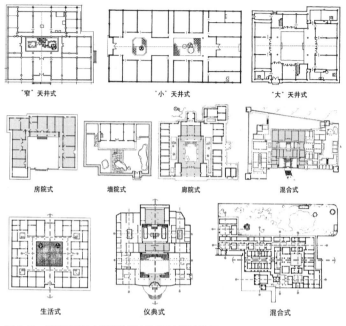

"窄" 天井式　　　　　　　"小" 天井式　　　　　　　"大" 天井式

房院式　　　　墙院式　　　　廊院式　　　　混合式

生活式　　　　仪典式　　　　混合式

图 4-48　巴蜀地区风土院落的基本单元及其组合特征

　　这种空间承载着重要的伦常功能，在巴蜀地区主要体现在三个方面：其一，对"家庭—家族"空间的划分。天井合院空间通过对内部使用空间进行等级区划定义，每个等级区域内都有相对完整的功能性空间，打破了匀质空间中的功能区划的特征，营造出了以"人"为核心要素的空间分区概念，从而确定了"家庭—家族"中各个成员的亲疏内外。其二，对"社会—制度"空间的引导。天井合院空间通过对单元组合、门第规模乃至构造细部的规定营造出了物质化的"礼"空间，从而确定了"社会—制度"在礼制下严密的等级规范，正所谓"礼别异，卑尊有分，上下有等，

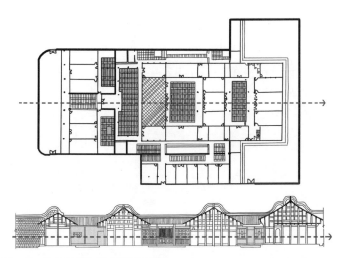

图 4-49 潼南双江镇田坝大院空间序列

谓之礼"，在物质资源有限的传统社会中，使每一个人在各阶层中各司其职，保证社会的有序发展（图 4-49）。其三，对于"自然—人文"空间的升华。天井合院空间一方面通过在核心方位设置信仰空间敬天法地，表达对自然的敬畏；另一方面通过对院坝式单元与天井式单元的复调营造，实现师法自然、顺应自然乃至融于自然的建造标准，达到"天人合一"的营造理念。

（二）差序格局与空间组织中的轴线及分隔

儒家文化的"礼"，其本质特征便是以"家长—共主"为主轴的亲疏、远近、上下、贵贱等人伦关系所构成的网络中的纲纪，这种纲纪便是差序格局。

差序格局反映在巴蜀地区的空间形态中，物质化为围绕空间主轴线通过院坝式单元与天井式单元的组合变化所构成的井院空间。空间组织的层级差序首先体现在限定主次房屋的轴线序列上，轴线成为这些具有不同等级与规模的空间的组织者，其主次决定了天井院坝单元的层级，轴线的起点与终点决定了空间的层次从属。巴蜀地区的天井合院空间大多在主轴线上设置三进以上的院落。第一进为门屋，第二进为过厅，第三进为正屋，后设花园，前院均设厢房，次要轴线则根据家族内部实际需求设置差序化的生活居住空间。

巴蜀地区的井院空间根据实用的需要和环境地形的变化对形态进行灵活调整，同时通过明晰的边界分隔体现出内在秩序的差序格局。如乐山贺宗田大院（图4-50），其大小天井院落共计十余组，主轴左侧天井院落大气灵动，主要为会客花厅、戏楼、男

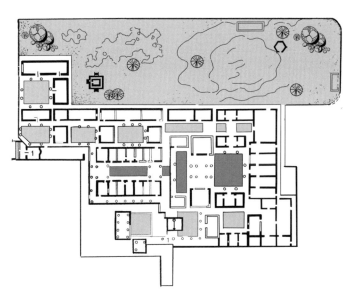

图4-50　乐山贺宗田宅平面
（来源：作者根据《四川民居》及田野调查改绘）

图 4-51　潼南双江古镇田坝大院的辅助院落空间

客厅，主轴右侧天井院落小巧雅致，主要为女性家眷居住使用，整体院落空间高低变化，错落有致。如潼南双江古镇田坝大院的辅助院落空间（图 4-51），为生活服务性的功能场所；如厨房、马棚等生活辅助空间，加之侧院内设有草木花卉、石凳水井等，从而使空间活泼生动、亲切宜人。辅助院落空间通过天井院落的多次组合构成了错综复杂的平面布局，其空间较为封闭，由此营造的领域感使居住者感到私密和安全。次轴线一般为多路并存的形式，这些散布于宅院之中的单元尽管看似相同，但由于其围合单元的房间功能与地位不尽相同，各个天井院落的个性和特点迥异，正是这些形态各异、尺度不一的天井院落的有机结合使士绅商贾院落的内部空间层次丰富、轻巧生动。

三、士绅商贾院落的个案解析

　　受地域因素影响，巴蜀地区士绅商贾院落空间模式相对自由，更重视生活实用性。虽然其空间根据实际情况而灵活多变，但在主体空间上仍能体现出传统社会礼制下"礼别异，卑尊有分，上下有等，谓之礼"的宗法制度。位于主轴上的院落面宽阔且尺度大，平面呈方形，在次轴上的院落则尺度小且面宽窄；空间组合多为天井院坝式组合，形成了"多天井重台重院"的地域性特色。"四十八天井，一百〇八道朝门"常用于形容这类宅院空间组合的复杂类型与丰富层次。

（一）广汉市花市街张晓熙宅

该宅院建于清光绪年间，占地约 20 亩，现存大夫第主体院落（图 4-52）。院落布局坐西向东，轴线对称，中轴设三间双柱

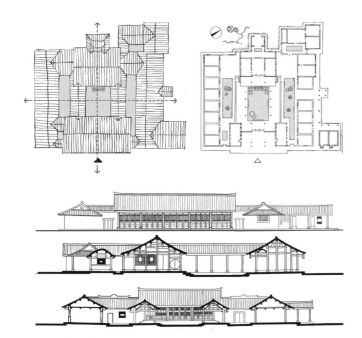

图 4-52　广汉市花市街张晓熙宅
（来源：作者根据《四川民居》及田野调查改绘）

廊门厅，第一进院落为尺度较大的回马廊院，横向三间，纵向五间，檐廊深达 5m 以上，气势恢宏。正堂有三间，中部设祖堂，次间为主人卧室、书房，坐于高台之上，前侧设置极具地域特色的檐廊式月台，祖堂后设卷棚亭台作为主屋的延伸。左右两侧均为生活院落，两侧厢房各为客卧、账房、储藏、佣人房等，后为左、右敞厅以及与走马廊相连的用于宴请宾客的花厅。两侧厢房中设过厅以联系侧院外廊及花厅。厨房、仓储、后勤设施等位于左侧后角部天井院。主厅堂之外，另设后花园等日常生活起居之所。

该宅院通过纵横轴线组合分隔营造出层次丰富的内外空间，同时采用地域特色浓厚的檐廊、敞厅、过厅等过渡空间使内外单元交织在一起。其中，以回马廊为中心组织外部院落空间，通过后部亭阁、侧院凉亭联系后花园，这些多元并存的空间处理方式使院落整体格局中规中矩，符合礼仪，但局部空间婉转流动、通透敞明，生动而富有灵气。

（二）自贡富顺县陈宏泽大院

该风土院落建于清嘉庆年间，占地约 17 亩，为清代奉政大夫的居所（图 4-53）。院落布局坐东向西，中轴对称，主体院落为五进四院，前厅后室，延纵深扩展，中间为三重厅形制。第二进院落的中厅两面开敞，为四柱七架抬梁结构，前为七间檐廊，后设正堂，正堂坐于高台之上，视野开阔，是全院的核心空间。以该院为中心，周围分布天井院落 23 个。左右侧院的布局灵活自由，左路各房空间开敞，主要供男宾使用；右路为女眷居住，多设独立小院，装修精细，空间小巧别致。主次院落之间皆有檐廊相联系，独立天井院也有墙院门廊互通。主轴院落布局宽阔大气，有庙堂

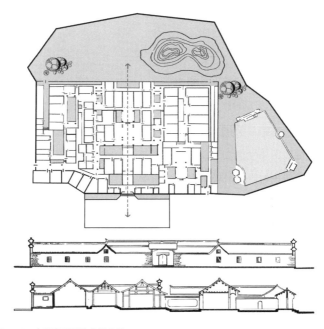

图 4-53 自贡富顺县陈宏泽大院
（来源：作者根据《四川民居》及田野调查改绘）

气象；次轴院落布局紧凑灵动，尺度宜人。总体上，前院、正院、后院及侧院的空间组合多元一体，形成了天井与院坝分合交织、院中有园、井院结合的多元复杂的组合形态。

　　巴蜀地区还有诸多此类院落，诸如合川狮滩镇李家大院、金堂张氏庄园、阆中马家大院等。由此可见，此类院落空间布局一方面遵循中轴对称，体现宗法家族礼制的尊卑秩序，另一方面受地域环境影响，结合实际功能，生活院落布局灵活多变，组织各类生活起居场所不拘一格，并结合后花园空间，通过堆山叠石、亭台楼榭、植树种花及理水置荷以求闲情逸趣、修身养性。

第四节 本章小结

首先，从巴蜀地区的农耕经济、商业经济两方面论述了巴蜀社会经济环境下的风土院落空间。立足于史料与田野考察，分析巴蜀地区农耕经济的发展、院落空间与耕地灌溉、院落空间与生产生活、院落空间与经济种植，阐述了农耕经济下巴蜀风土院落空间的特色构成；分析巴蜀商业经济的兴起、行业会馆与商贸交流、店宅院落与商业贸易，阐述了商业经济下巴蜀风土院落空间的特色构成。

其次，从巴蜀地区以防卫安全为核心的寨堡式院落，居住为主、兼具防卫的碉楼式院落，寨堡式院落与碉楼式院落的比较三方面论述了巴蜀民间防卫安全与风土院落空间。立足于史料与田野考察，分析巴蜀地区寨堡式院落因地制宜、封闭围合的外部空间和边界封闭、内部通透的院落空间，阐述了以防卫安全为核心的寨堡式院落的特色构成；分析巴蜀地区碉楼式院落的组合类型、碉楼在风土院落中的位置及其空间形态、从防卫的碉楼到观景的望楼的变迁，阐述了居住为主、兼具防卫的碉楼式院落的特色构成，并进一步对寨堡式院落与碉楼式院落进行比较研究。

再次，从巴蜀地区士绅商贾院落以轴线序列为主的基本形制、以天井院坝为单元的空间扩展、士绅商贾院落的个案解析三方面论述了巴蜀士绅商贾阶层与风土院落空间。立足于史料与田野考察，分析士绅商贾院落的基本布局和基本类型，阐述了士绅商贾院落以轴线序列为主的基本形制；分析士绅商贾院落中天井院坝的单元扩展与核心院落空间以及辅助院落空间的特色构成，阐述了士绅商贾院落以天井院坝为单元的空间扩展，并进一步以广汉市花市街张晓熙宅以及自贡富顺县陈宏泽大院为个案进行解析。

最后，通过对巴蜀社会经济环境、巴蜀民间防卫安全以及巴蜀士绅商贾阶层的三重考察，完成了从"政治—经济"的社会学考察转向"形制—空间"的建筑学考察，梳理出了巴蜀政治经济环境对院落空间的深刻影响，这种影响由政治经济环境对"人"的限定而最终物质化于巴蜀风土建筑的院落空间。

第五章 ｜ 民俗文化环境与巴蜀
风土院落空间

巴蜀地区位于西南腹地，汉族和彝、藏、土家、苗、羌、回、蒙、满、纳西、傈僳、布依族等 14 个少数民族相互混居、聚居在一起（图 5-1）。汉族是该区域的主要民族，多位于四川盆地内。西部高原及其丘陵地带大多是藏族、彝族、羌族等的聚居区，盆地东部及其边沿山地主要是土家族和苗族聚居区。其余十多个少数民族人口较少，散居于巴蜀地区内，少数民族总人口数达 300 万，巴蜀地区的多民族由此形成了"大杂居，小聚居"的融合分布格局，这种分布格局是几千年来多个民族迁徙定居、相互依存、交流融合而演变形成的。这一过程同中华民族的形成与发展规律一致，属于多源一体的中华民族生息繁衍进程的一部分。在民族长期交流的过程中，巴蜀文化形成了自身的地方性特征。西晋裴秀的《图经》说，巴蜀是"别一世界"，杜甫称蜀人为"新人民"，蜀地"异俗嗟可怪"。抗战期间，入蜀的学者有感于古蜀国文化遗物的特异，提出了"巴蜀文化"的专门概念。秦统治巴蜀后，该地区吸收了

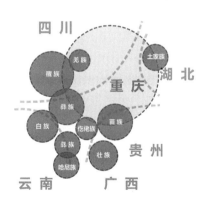

图 5-1　巴蜀民族源流与人种分布示意图
（来源：作者根据《西南历史文化地理》改绘）

来自中原地区的成熟农业制度、铁制农具、治水方法以及灌溉技术，有力促进了古巴蜀本土文化的革新，促使巴蜀文化与中原文化相融合，古巴蜀人也因此逐步融入华夏民族，由于农业技术的广泛传播，巴蜀地区的社会经济长足发展，极大地改进了人们的物质基础，进而促进了文化的发展。中原地带的传统文化在巴蜀地区广泛推进，宗族伦理、礼制法度、儒学思想以及艺术审美等都深深影响了巴蜀地域文化。汉代以后，全国性的商贸往来日渐频繁，由于巴蜀地域位置特殊，该区域若干重要城镇成为长江上游的工商业重镇，变成了长江流域与西南地区经济的联结。商业经济的繁荣再次加快了文化的交融与传播。加之，明清时代两次大型的“湖广填四川”移民运动，更为直接地加快了文化交融。在文化的交流中，巴蜀文化的多元性与包容性逐步孕育，可以说巴蜀的地域文化是多源文化的融合、共存、发展的成果。

第一节　巴蜀民俗信仰与风土院落空间

巴蜀地区的民俗信仰多样纷繁，地域特征浓厚，诸如汉族聚集地的祭先祖、祭杜主、祭蚕虫、供祀灶神、供祀药王菩萨、除夕祭树、郊天、烧袱子、庆坛、送花盘、祭张飞等（图 5–2）；彝族聚居区的祭五谷神、净宅、捞油锅、打鸡卜等；土家族聚居区的敬梅山神、跳曹盖等；羌族聚居区的搜山求雨、神林、跳盔甲、化翳子、打油火、踩铧头等。巴蜀地区的风俗崇拜大致分为祖先崇拜与神灵崇拜两类。这些民俗信仰根植于巴蜀文化地理区域，是先民在索取自然与社会

图 5-2 四川阆中祭祀张飞民俗活动

生存资源的过程中传承下来的丰厚的文化资源。这种文化资源与巴
蜀地域的生产生活密切相关，必然会通过这种日常方式物化在形制
及其建构与生产生活密切相关的风土院落空间中。

一、祖先崇拜与院落中的祭祖空间

根据中国新石器时代考古研究成果，早在新石器时代中期（公
元前 4500 年）便已出现了祖先崇拜，其祖堂仪礼也经过了一个漫

长的演变过程。《史记·礼书》记载："上事天，下事地，尊先
祖而隆君师，是礼之三本也。"在巴蜀地区这种"大杂居，小聚
居"的多民族共存背景下，祖先崇拜的重要职能是宗族文化的认
同教育，同时讲究尊宗报本、慎终追远，并具备祈福与预兆等效用。
与其相对应的主要物质场所是巴蜀传统建筑场所中以家庭为单位
的"正堂"空间以及以家族为单位的"祠堂"空间。

（一）以家庭为单位的中心空间"中堂"

中堂是巴蜀地区传统建筑中正房的明间。这种空间模式广泛
存在于巴蜀地区的传统建筑中。由于特殊的自然地理限制及其地
域文化，相较于北方地区，巴蜀地区的"中堂"空间多会因地制宜、
灵活多变。在正统的轴线对称布局的合院建筑中，中堂出现在绝
对的几何中心位置；在一字形、曲尺形等不规则布局的传统建筑中，
为适应实际自然地理环境，中堂没有处于建筑的绝对中心位置，
但是整个建筑的核心仍是中堂空间。

中堂作为中心空间在功能上必然承载着重要的宗法仪礼。传
统社会中，由于对"共祖"三皇五帝的祭祀逐渐为皇家所垄断，
在民间，设置祖牌以祭祀宗祖成为"中心—中堂"所承载的最为
神圣的空间职能。这种职能与中国的传统文化紧密相连，反映了
传统社会中宗法仪礼对家文化的重视。中堂在巴蜀民居院落中不
仅是用于祭祀宗祖的精神空间，还兼具着大量实用性的功能，诸
如在以农耕生产为主的村镇的传统建筑中，由于经济与地理环境
的局限，在实际的生产生活中，中堂不仅作为祭祀用的祖堂与厅
室，还兼作家务以及部分生产活动的场所，甚至农闲时还可堆放
农具等（图5-3，图5-4）。

图 5-3　阆中李家大院的中堂空间

由此可见，作为整个家庭中心空间的中堂，其构形逻辑上已显现出多维的二重特征：其一便是"中心单元——中堂伦理"的精神二象性，这种物态的"中心"方位自身就隐喻了其神圣的祭祖职能，很好地适应并维系了传统伦理规范、宗法制度、礼仪节庆以及家族秩序。其二便是"公共节点——中堂生活"的功能二

图 5-4 巴蜀民居院落中的堂屋空间

象性，中堂作为公共节点处于全宅的中心轴线上（图5-5），是重要的交通枢纽，天然地发挥了家庭内部的交流议事、礼仪活动、用餐、手工生产等功能，是家庭生活内在情感与精神需求的空间表现，亦是家庭外部进行会客社交、公共活动的场所，成为家庭内部与外部保持联系的中介空间（图5-6）。

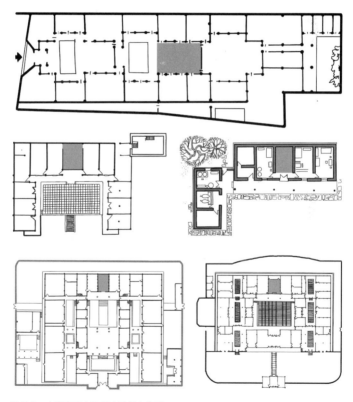

图 5-5　中堂在风土院落中的核心位置

图 5-6　"天地君亲师"堂屋龛位

（二）以家族为单位的集中式空间"祠堂"

祠堂的渊源可以追溯到先秦时期的宗庙，而祠堂场所的大规模出现是在理学昌盛的宋代。当时社会大力提倡恢复宗族子法，联宗族之亲，教子孙之孝，建立家庙以供奉家族中历代神主牌位，强调尊卑伦序。明清时期，巴蜀地区发生了大规模的移民运动，为了凝聚家族的力量，提升宗族的社会地位，在移民运动的同时，也掀起了以同姓宗族为单位，修订族谱、建立宗祠的运动。

巴蜀地区祠堂形制中除了用来强调传统中国社会宗法伦理生

活所惯用的"轴线序列""等级空间"以外，还有其独特的空间系统——集中式空间。这种集中式空间与以古徽州地区为典型的血缘性聚落中的"主祠—支祠—家祠"的三级祠堂体系有所不同（图5-7），巴蜀地区祠堂建筑文化并不过于强调这种"聚落—祠堂"整体性尺度下空间层级结构的连贯性。巴蜀地区的祠堂在"聚落—祠堂"的组织上，不刻意追求"聚祠而居"的选址布局体系；在"轴线—等级"的内部空间上，不严格强调"男权主—女从次"的空间层次关系，而是形成了以"戏楼—享堂"为核心的集中式空间（图5-8）。

集中式空间的基本构形是以戏楼—享堂为主轴线序列，两侧设厢房或偏院，如酉阳龚滩的董家祠堂（图5-9）。享堂为祭拜祖先以及议事的场所，戏楼为娱乐场所，厢房的用途比较广泛，

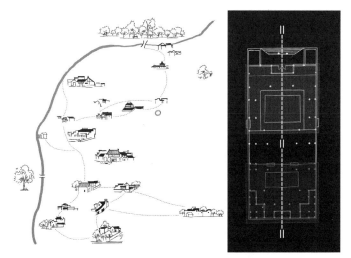

图 5-7 徽州南屏的三级宗祠体系及其典型祠堂平面

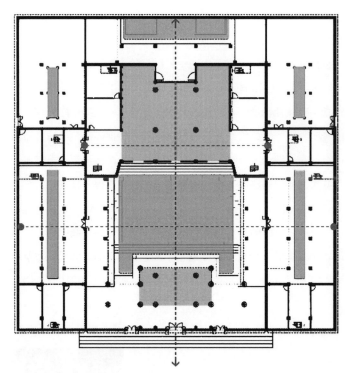

图 5-8　重庆江津地区张氏家族祠堂

有观戏、住宿、陈列、仓储等作用。在祠堂的享堂中依次供设着先祖的牌位；祠堂的正门上往往有门匾，上书"慎终追远"或"荣宗耀祖"的字词，两边门柱上有长联，写出家族的渊源流派，以追本溯源并激励族人；祠堂内有大道巷，名之神道，两旁常植以花木。大型祠堂还附设校舍，使族人循守礼法，外则教之以尊君长，内则教之以孝其亲。

　　从文化生态学的角度看这种集中式空间反映了巴蜀移民运动

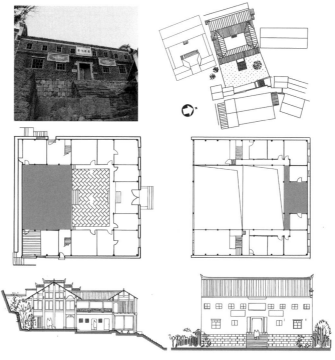

图 5-9　重庆龚滩董家祠堂
（来源：重庆大学龚滩古镇保护规划工作组，作者自摄、改绘）

中各地移民为了提高生存竞争力，在以"家庭"为单位向以"宗族"
为单位的转化过程中，对于强化血缘关系与族属情感、加强家族
内部凝聚力与向心力的迫切渴望。随着宗法礼制逐步强化，宗族
伦理进一步地域化，这种集中式空间得到了持续的扩展，在功能
上也逐步定型。其一方面成为祭宗拜族，维护宗法社会的纽带；
另一方面也是婚丧聚会、正俗敦化、家法族规的公庭（图5-10）。

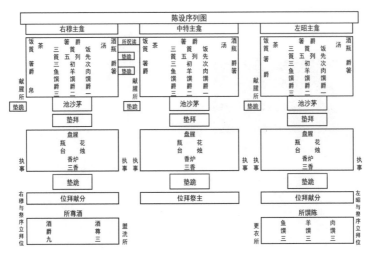

图 5-10 巴蜀地区家族祠堂的祭祀礼仪布置示意图

二、神灵信仰与院落中的祀神空间

神灵信仰发生于古代民众自发对超自然力精神体的敬畏与信奉。在古代，中国神灵信仰与民间的巫术、术数（抽签、占卜、堪舆）互为表里的同时，亦与上层的官学制度紧密相联，汲取了大量的正统精英思想（敬天法地、尊贤尚古）。神灵信仰作为一种仪式活动，可以通过考古学资料追溯到5500年前的红山文化时期。《礼记·祭法》记载："封土为坛"，在坛的基础之上筑墙盖屋，成为"宫"，宫中陈列祭祀对象，就成了"庙"。由于历史上秦灭巴蜀以后频繁的文化交融与民族迁徙造就了巴蜀地区神灵信仰的繁多芜杂。宫庙建筑类型也丰富多样，大致包括作为自然神祇的土地庙、山神庙及龙王庙等；作为人文神祇的川主庙、罗祖庙、二王庙、万寿宫及天后宫等。

由于巴蜀地区神灵信仰体系中的各主神具有层级的平等性以及职能的明确性，与之相对应的祭礼与组织文化是异质同构的，因此类型多样的巴蜀地区宫庙建筑具有"同一性"的原型，这种原型根植于巴蜀地区神灵信仰体系的祭礼与组织文化系统。在巴蜀地区这种对应于神灵信仰体系的"同一性"原型反映在众多民间宫庙建筑中具有核心秩序性的"序列之门"以及其祭祀模式的"主从流线"上。

（一）祭祀路线与宫庙场所的核心秩序："重门序列"

关于"重门序列"可以追溯到典籍《周礼》："王有五门，外曰皋门，二曰雉门，三曰库门，四曰应门，五曰路门。""治朝在路门外，群臣治事之朝"记载了周代宫殿沿轴线序列布置的一系列门阙空间，由皋门—雉门—库门—应门—路门直抵最为核心的场所——燕朝。可见，这种保持着线状的二方位概念的"重门序列"早在西周时期便已完善成熟，其象征着"奉天承运—君权神授"通天轴线。

在巴蜀地区宫庙建筑场所中，《周礼》所载由"门阙"构成的"重门序列"通过"帝国皇家—巴蜀民间"的身份转换，演变为由"呈现场所内外层次的类门空间"构成的"重门序列"。在巴蜀地域环境的熏染下，具有极强空间指向性的"重门序列"象征着"俗世—神界"的通道，是巴蜀神灵信仰体系下秩序观念的物质化表达。它在空间类型上呈现出两种特征：

其一，"重门序列"凭借复杂多变的山地地形，营造"移步—神性"的祭祀路径。这条路径首先会依据自身所处的具体自然地理条件进行路径择优。择优的原则一般包括直而不透、折而不绕、曲径蜿蜒、深容藏幽。在确定了路径的主体形势以后，首先对该路径的重要节点进行"门楼——类门建筑物"（巴蜀地区类门建筑多为山门、戏楼、牌楼门、过街楼等）定位，定位可以有效地让"门楼"与自然环境产生对话，奠定整体路径的空间结构。其次，在路径的次要节点进行"纪念物——类门构筑物"（巴蜀地区的纪念物多为牌坊、栅子门、石阙、照壁、纪念柱等）放置，放置可以有效地加强路径所在环境的整体性，进一步对"门楼"节点进行空间强化，突出路径节点的主次关系。最后利用"烘托物——修饰性景观"（巴蜀地区的修饰性景观多为牌匾、踏步、铺地、树木、水体等）对上述"重门体系"进行气氛烘托，从而通过"门楼—纪念物—烘托物"营造出一组极具动态连贯性的"重门序列"，这组序列有效地表达了"移步——神性"的祭祀核心秩序。如都江堰的二王庙（图5-11），路径选择了因势利导，随地势层层筑台的方式，沿江缓坡东上，一

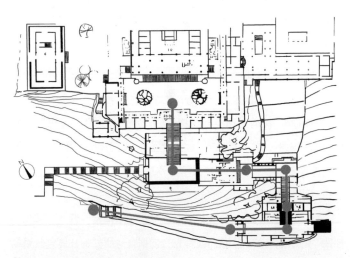

图 5-11　成都都江堰二王庙的"重门序列"
（来源：作者改绘自《四川古建筑》）

路经过三次轴线转折，穿过四组"门楼"，九列"纪念物"进行强化，多重的"修饰性景观"烘托，营造出曲折多变、层次繁密的"移步——神性"的"重门序列"（图5-12）。

其二，"重门序列"结合宫庙的祭祀娱神职能，营造"尺度——恢宏"的祭祀路径。这种秩序一方面是由于巴蜀地区场镇用地紧张，处于场镇节点中的宫庙建筑为适应环境而必须强化空间的使用效率；另一方面，通过集中化的"重门"空间来一次性地达到视觉高潮，改变在漫长的祭祀线路中营造核心秩序的模式，从而更加有效地吸引习惯于快节奏生活的场镇居民参与到民俗信仰活动中。"重

图5-12　成都都江堰二王庙入口空间序列

门序列"由此转译为"牌楼门（外界面）—架空层的穿越式空间（联系体）—戏楼（内界面）"的序列。序列的主体即是由尺度张扬、气象万千的，作为宫庙建筑主入口的牌楼门，为适应山地地形落差、满足戏台观演需求，从而抬高地板形成的可以满足人流通行需求的架空空间，飞檐翘角、恢弘大气，承担祭祀娱神功能的戏楼这三部分所组成，如四川自贡桓侯宫（图 5-13）。这种序列组合有效地压缩了祭祀路径的长度，直截了当地呈现出强有力的空间贯穿轴（图 5-14）。

巴蜀地区通过这两大类型的"重门序列"确保了民众祭祀路线的主体路径，满足了祭祀对于线性仪礼的需求，建立起了宫庙场所的核心秩序。

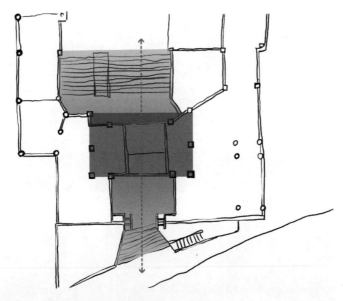

图 5-13　四川自贡桓侯宫的入口平面图

图 5-14　四川自贡桓侯宫的"重门序列"

（二）祭祀礼俗与宫庙祭祀场所模式："主从流线"

祭祀礼俗是古代华夏礼典的重要组成部分，而官方的祭祀礼俗是儒学礼仪中的主要部分。周代"大宗伯"就"掌建邦之天神、人鬼、地示之礼"。《礼记·礼运》称："夫祭者，非物自外至者也，自中出生于心者也，心怵而奉之以礼。"针对不同的天地神灵，祭祀仪礼千差万别，但是"对神灵无条件发自内心的恭敬"是祭祀中的共同礼俗，这种"发自内心的恭敬"在外在的空间表达上则物质化为对于祭祀空间及其相对应的祭祀流线的要求。

由于巴蜀地区宫庙场所的祭祀偶像中极少出现正统宗教殿堂中的大型偶像，且偶像数量较少，尺度设置也更为适宜，因而就避开了历史上的那种好大喜功者为了显示其实力而进行的非普通式营造活动。出于"对神灵无条件发自内心的恭敬"的祭祀空间考量,宫庙建筑在构架形式上多将抬梁式与穿斗式结合,加大明间尺寸,从而提供较为高大空敞的场所(图 5-15),这也在客观上为容纳更多祭拜者同时进行祭祀活动提供了有效空间。在其场所对应的祭祀流线上,为应对祭祀主体"主神—支神"的二象同构特征,演化出了"主导线—二分线"的主从流线祭祀模式,即穿堂式祭祀流线与尽端式祭祀流线。

"穿堂式"确保了在以主神为核心的"主导线"空间序列的同时,可以自由地出现"二分线"以适应各支神的祭拜(图 5-16)。穿堂式祭祀流线一般出现在组织空间的主轴上,具有穿堂式祭祀流线的宫庙场所通常在主轴线上有两个或以上的院落单元。穿堂

图 5-15 泸州尧坝场东岳庙正堂

图 5-16 穿堂式祭祀空间的几种形式

图 5-17 四川阆中张飞庙前堂

图 5-18 尽端式祭祀空间的几种形式

式祭祀多出现在前堂（图 5-17），场所内两侧或居中设置支神及香案，祭拜者可以绕支神祭拜或者穿堂而过。

在尽端式祭祀空间中，建筑位于祭祀流线的末端，不受"穿堂"的影响，因此建筑内部空间更加完整，更具有祭祀仪式的氛围（图 5-18）。"尽端式"简明扼要地体现了以祭拜神灵为核心的流线系统，而该"核心"对应"主神—支神"的主次地位则取决于该流线系统是否处于空间主轴上。倘若处于宫庙次要轴线上，其空间往往进深短、面阔长，一般成排设置一系列支神并摆设香案。处于宫庙主轴上的尽端式祭祀空间多出现在正堂核心内，多为单面采光，其空间高阔、深远、完整，更显庄严肃穆，加之巴蜀地区建筑挑檐深远，内部光线昏暗玄远，更加营造了内部场所的神秘气氛（图 5-19）。

图 5-19　重庆江津清源宫正殿空间

第二节　巴蜀民俗惯习与风土院落空间

"巴地留楚风，蜀地存秦俗。"巴蜀地区民族众多，以汉族为主，大多聚集在盆地中部，少数民族则主要散布在边沿山地。一些民族由于迁徙，散居在盆地周围。生产力水平的不平衡与社会结构基础的差别是造成民族文化多元性的首要原因，各民族的物质文明与风俗习惯的特征迥异。共同生活在巴蜀地区这个大环境里的各民族在漫长的历史进程中不断交流融合，民族民俗庞杂而蓬勃，形成了多元并存的民俗文化，既有共性，又保留了鲜明的特色。

在农业经济、传统技艺、文化艺术等方面，各民族都具备自身的独特性，一同带动了巴蜀地区的社会文化发展。特有的生活习俗与多样的传统文化交织，各类宗教信仰共存，民族风气也相互联系，产生了各具特色的多元统一体，这就是巴蜀地区浓厚的民俗文化风格。这些浓郁的生活情趣与多彩的地域民俗民风在巴蜀风土院落的空间组织、院落的精神空间、院落的入口空间及其建构的民俗规制中得到深刻体现。

一、传统伦理观念与院落空间组织

空间方位概念的形成与早期先民以星象观测为基础的祭祀与占卜密不可分。《逸周书·度邑》记载："顶天保，依天室"。《易·系辞》记载："仰则观象于天，俯则观法于地，与天地相似，故不违"。《太平御览》引《礼记·明堂阴阳录》对于明堂方位的演绎，明确指出了其与星象的对应关系："明堂之制……内有太室，象紫宫，南出明堂象太微，西出总章象五潢，北方玄堂象营室，东出青阳象天市。"从这种天象观占中渐进形成了"众星拱之"，以北辰为尊的观念。以北为尊，强调"南—北"方位的观念在历史演进中与线性二元图式的阴阳观念相结合，进而形成了山之南、水之北为阳，反之为阴的传统建筑空间的核心方位观。借此"南—北"方位，通过"阴—阳"的调和与建筑空间的"内—外"与"上—下"产生了直接有效的文化关联。古语有云："室大则多阴，台高则多阳，多阴则蹶，多阳则痿，此阴阳不适之患也。"巴蜀传统社会伦理观念注重伦理位序、长幼尊卑，风土院落也常常采取较为严格的形制，讲求天地阴阳和谐。

（一）院落空间的"南—北"方位

在西南地区传统建筑空间中，"南—北"方位成为一种核心的空间图式。这种空间图式中具有矢量意义的方位与传统社会的人伦规训相结合，赋予了不同位置空间以不同的人伦意义。位于"南—北"方位的中心空间逐渐演化成"堂"，"人主之尊譬如堂，群臣如陛，众庶如地。故陛九级上，廉远地，则堂高，陛亡级，廉近地，则堂卑。"由此，清晰地展现了堂的"方位——人伦"的中心性。如四川阆中蒲家大院，在用地有限的条件下，巧妙地采用倒进式，通过入口的转折保证堂空间的坐北朝南（图5-20）。《地学指正》中有曰："平阳原不畏风，然有阴阳之别，向东向南所受者温风、暖风、谓之阳风，则无妨。向西向北所受者凉风、

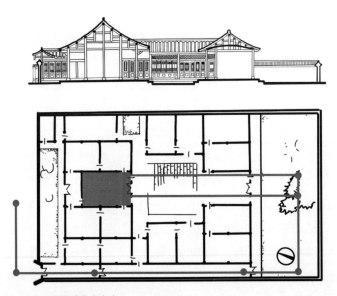

图 5-20　四川阆中蒲家大院
（来源：作者根据《四川民居》及田野调查改绘）

寒风、谓之阴风，宜有近案遮拦，否则风吹骨寒，主家道败衰丁稀。"[1]这便是从"阴—阳"论的角度阐述了传统建筑空间以北方为尊的"南—北"方位观的主体性地位。

（二）院落空间的"东—西"方位

与"南—北"相对的"东—西"方位，也具有人伦规训的象征意义。在西南地区出土的大量汉代画像砖与明器陶楼中（图 5-21）不难发现汉代的东西阶制度：堂阶之上东位居主，西位待客，宾主相向而坐，进而堂与院之间设两阶，东阶行主，西阶行客。张良皋先生认为："主东宾西与古代迎宾时车上的坐有关，即中国古代车舆，御者居中，执兵居右，尊位居左，所以要虚左以待宾客。"有的学者认为："东西阶制是古代殿堂内主东宾西相向而坐这一功能的外在表达，而东主西宾的坐习则是因于朝日夕月、力右手现象和望祭仪式。"[2]西南地区明清以降的传统空间仍在一定程度上延续着这种礼仪方

图 5-21　成都地区汉代画像砖中的"东西阶制度"
（来源：《中国巴蜀汉代画像砖大全》）

1.（清）何光廷《地学指正》
2. 邵陆，常青. 东西阶与奇偶数开间 [C]// 中国建筑史学国际研讨会，2004.

位制度，其更多地呈现为一种"东西"向布置的室内陈设。诸如卧房中床榻多布置在西侧，起居面向东侧，多辅梳妆台、衣橱、箱柜、镜架等；斋室以书桌为中心，不论居中还是临窗摆放，一般面东而设，四周置橱、榻或几；甚而书具、文玩的摆放也极为讲究，"天然几一，设于室中左偏东向，不可迫近窗槛以逼风日……"

二、民间火塘禁忌与院落中心空间

在巴蜀风土院落中，火塘空间历史悠久，可追溯至旧石器时代；经过新石器时代父系氏族公社的社会组织的发展，较完善的"火塘分居制"形成；至明清时期，巴蜀多民族聚居区内的"火塘之制"逐步成熟定型，呈现出"多元意涵，多类并存"的特征。巴蜀民间火塘文化在风土院落中存在至今有两方面原因：一方面是生产力水平低下和自然环境条件，另一方面是巴蜀少数民族历史习俗的传承。巴蜀渝东南地区的土家族、仡佬族、苗族等风土院落中仍保留有火塘形态（图5-22）。

图 5-22　巴蜀土家族院落的火塘间

（一）风土院落中"火塘"所具有的世俗功能

巴蜀风土院落的火塘空间很好地适应了巴蜀地区复杂多变的地理环境，不拘泥于公共活动下的标准形制；较先秦早期的火塘空间而言，明清的火塘空间形态融合了多民族地区的礼俗信仰及使用功能，更强调与地理文化结合的功能核心性。其多元丰富的功能内容主要围绕人伦职能展开，涉及火种保存、食物制作、驱寒防潮、夜间照明、起居活动、家庭议事、宴请宾客等生活功能。火塘间面积通常不大，小巧紧凑，利于保温，屋内家具较为低矮，多靠壁而置，以适应火塘间的尺度。一般火塘居于起居室中间，有的与厨房分居正屋两侧，如土家族家庭的火塘与中堂空间结合，成为汉文化与少数民族习俗交融的典型代表。火塘既是生活起居中心，又是多功能混合空间，在生活中最具生气，最为活跃。火塘边可待客，开展家庭活动等，也可举办节日与岁时活动。如苗族家庭的火塘多为方形地坑型，常与"祖龛""中柱"相结合，为家庭饮食起居、睡卧休闲、待客议事的核心空间。除此之外，火塘还兼具多种实用功能，诸如雨天可烘烤衣物，冬天可取暖。火塘上方多设吊架，可长时间烟熏肉食，增添食物风味，延长储存时间（图 5-23）。

（二）风土院落中的"火塘"所具有的精神空间

在巴蜀地区少数民族的风土院落中，火塘间成为他们的精神空间。从民俗的角度阐释，火塘之火代表永不熄灭的先祖之火，象征先祖的灵魂会与后代一同围坐在火塘边，庇护子孙。火塘边的特殊方位一般预留给先祖，火塘也因此被赋予了神性。祖先的位置暗示先祖，被视为最圣洁的地方，火塘方位的尊卑序列也十分鲜明，按照宗法规定，性别、身份、辈分不等的人在火塘周围

图 5-23 "火塘"在风土院落中的世俗功能

的位置不同，不可僭越，并由此衍化出了以火塘为对象的反映祖
先崇拜观念的祭拜活动。火塘作为祖灵居所空间，其多元丰富的
功能内容主要围绕核心空间的祖灵职能而展开。祖灵职能意味着
火塘成为祖灵的物质化象征，具有"神圣化"属性。神圣化指火
塘作为神灵栖息的场所，支配着整个家庭的生计，是一个浓缩的
神灵世界，守护着家庭事业。火塘被看作先祖神灵的会聚之地，
庇护个人和家庭。诸如一些人生礼仪等家庭的节庆活动也要在火
塘边进行，充分体现了火塘与家庭的内在关联。火塘是家庭的中
心，与"家庭"的属性相一致，代表着"家"的意义。在巴蜀地区，
从原住所的火塘里另分出一堆火，则意味着形成新家庭，象征着
一个被传统民俗标准所认同的家庭诞生。

三、民间风气习俗与院落开放空间

巴蜀风土院落中，常出现许多富有民俗特色的入口空间形式。历经长期积淀的独特的风俗习惯，使这些空间模式累积并固定成地域做法。这些地域做法是巴蜀地区文化技术与民俗象征空间的物质化表达，是巴蜀传统建筑空间的重要组成部分，反映了巴蜀民间特色的地域民俗和风气风貌。

（一）风水朝门

风水朝门，俗名为"八字朝门"，其基本形制是将入口门屋的当心间平面凹入构成门斗式入口，将门枋至檐柱设置成 45°斜距，平面布局呈八字形。巴蜀地区修筑朝门的习俗源于风水习俗，建造朝门之前，民间皆请风水先生罗盘定位，通过设置朝门改变门屋的朝向与方位，借此转变风水运势，辟邪除害，保佑家族太平。朝门一般做成石框门，石框门两边的青石柱和两翼直短墙（约 40cm）与八字形墙体端头相接，如四川阆中某风土院落的入口空间（图 5-24）以及四川合江福宝古镇五祖庙院落入口的八字朝门（图 5-25）。

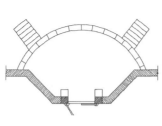

图 5-24　四川阆中某风土院落的风水朝门

图 5-25 四川合江福宝古镇五祖庙的风水朝门

（二）门屋入口

门屋入口，普遍是由单间人字形的屋宇构成，两榀屋架，悬山式屋面，空间上起到强调入口的作用，功能上起到遮蔽风雨的作用。门扇为板门，一般是放置在金柱上，外侧檐柱不落地，落在向外伸出的挑枋上成吊瓜，门屋的左右一般为砖石墙体，两侧做影壁呈八字形敞开，这种比"风水朝门"更为高大宏伟的门屋在民间俗称"龙门"。西南地区民众常在"龙门"下闲谈休憩，故有 "摆龙门阵"之说。龙门的尺度与开间代表着宅主的身份与地位，两侧多设石兽，当心间设辟邪赐福的吉祥信物，地域特色浓厚，具有精确的宗法与民俗意义，如泸州尧坝风土院落的门屋式入口（图 5-26 ）。

（三）砖坊门堂

在巴蜀地区，这种具有牌坊特征的入口空间模式出现较晚，大多是清中叶以后随着砖筑技术在民间的普及，修建得高大宏伟、气象万千的入口空间形态。早期砖坊门堂的主要特点以入口的牌楼门形态为核心，门框、门额多用条石砌筑，多在地主庄园的祠堂中出现，如采用中国传统牌楼式样的四川合江福宝古镇火神庙的砖坊门堂（图 5-27 ）。近代由于受到西方文化的影响，砖坊门堂中出现了西方历史建筑中的柱头、山花、拱券以及巴洛克曲线等形态元素，发展为中西交融的"混合折中"式样。这种砖坊门堂，由于耗资巨大，多出现在庄园会馆建筑中，如具有巴洛克风格的四川成都刘氏庄园砖坊门（图 5-28 ）。

图 5-26　泸州尧坝风土院落的门屋式入口

图 5-27　四川合江福宝古镇火神庙的砖坊门堂

图 5-28　四川成都刘文彩庄园砖坊门

第三节 巴蜀文化交融与风土院落空间

民俗文化的存在与发展主要有两种模式：一种是地域环境背景下的发生、传承与演进；另一种则是以文明中心地为核心、向周边区域传播扩散，在传统社会由于缺乏发达的信息技术，这种文化传播途径主要以"人"为媒介来实现。作为中国地理板块的腹地，巴蜀地区自古以来就是文化传播的中心地之一。由于传统社会水运繁盛，长江将巴蜀、荆楚与吴越地区相系，地区之间早在古巴蜀时期就已存在广泛的文化交流。秦灭巴蜀后，民族迁移运动先后兴起。历史上，这种文化圈之间多次深入、广泛的传播，促使巴蜀文化与外来文化出现了"冲击""碰撞""嫁接""杂交"等多种形式，形成了风俗的大融合，造就了巴蜀民间文化内容的丰富性，这种丰富性通过文化交流逐步物质化于巴蜀风土建筑的院落空间。

一、移民迁徙的滥觞与同乡会馆院落

历史上每次移民迁徙，就意味着一种文化的传播。巴蜀地区历来是中国移民迁徙的典型区域，古巴蜀文明就凭借长江便捷的水运与荆楚、吴越文化等维持着密切的关系。秦占巴蜀两国后，为稳定局势，向巴蜀地区大量移民。成汉嘉宁元年（公元346年），李势"从牂牁引僚入蜀境，自象山以北尽为僚居。""布在山谷，十余万家。时蜀人东下者，十余万家。僚遂挨（挟）山傍谷，与土人参居。参居者颇输租赋，在深山者不为编户。"[1] 元代，兵乱频频，"千数里城郭无烟，荆棘之所丛，狐狸豺虎之所游"，历史上第一次"湖广填四川"的迁移运动就是在这种条件下出现的。据史书所载："自元季大乱，湖湘之人往往相携入蜀。"[2] 多次的移民运动极大地促进了巴蜀文化区与周边文化区的传播与交流。

（一）同乡会馆院落的移民基础及其文化特征

明末清初，大规模的战争、瘟疫与接连发生的自然灾害使巴蜀地区的人口急剧减少，耕地荒置。为解决劳动力短缺和粮食生产的问题，当局进行"移民垦荒"，第二次"湖广填四川"（图 5-29）由此形成，其范围及规模前所未有。历经数十年的移民运动与休养生息，至清代中后期，整个地区的社会经济发展上到了一个新台阶，其他区域自发迁至巴蜀的人口也越来越多，各种同乡社团组织由此产生，从而形成了与这类社会组织相关的特色院落类型——同乡会馆。据史料所载，清代康乾盛世，巴蜀地区会馆院落林立，近乎"城城必有，且每城不止一座"，"繁不胜举"。清有诗文如此描述："争修会馆斗奢华，不惜金银

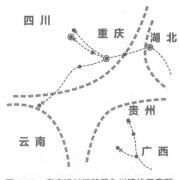

图 5-29　客家沿长江移民入川路线示意图

1.（梁）李膺《益州记》
2. 陈世松. 四川通史——元明清 [M]. 成都：四川大学出版社，1993.

亿万花"[1]，这是对当时巴蜀会馆院落繁盛的生动反映。

同乡会馆设立之初是因移民活动，由于语言文化、生活习俗的差异，由初入巴蜀地区的异乡移民组成的地缘性的互助组织，即构成了一种以祖籍的地域联系为纽带的族群共同体。随着社会的稳定与商贸的繁荣，同乡会馆的社会经济职能愈发增强，进一步发展为组织严密、更具集体束缚力的同业公会，并积极参与当地的商业管理、从业组织、捐税征收及重大债务清理等活动，但其"联络乡谊，相顾而相恤"的地缘共同体功能仍旧保留，是同乡移民共祀乡土神灵和乡贤集会、从事文娱活动的主要场所。由于各地区历史文化的差异，维持各自乡土情感、信仰的神灵和乡贤群体也有所不同，因而同乡会馆院落空间并没有丧失移民迁徙所带来的多元文化特色。

由于巴蜀地区的移民来源有别，民俗信仰与风俗习惯也各不相同，这使得同乡会馆名目繁多（表5-1）。据现有资料统计，

清代四川同乡会馆分布统计总表 表5-1

分区	厅州县	湖广会馆	广东会馆	江西会馆	福建会馆	陕西会馆	贵州会馆	云南会馆	江南会馆	河南会馆	山西会馆	广西会馆	燕鲁会馆
成都	182 (100%)	47 (25.82%)	24 (13.19%)	49 (26.29%)	18 (9.90%)	25 (13.78%)	7 (3.84%)	1 (0.54%)	5 (2.74%)	2 (1.10%)	2 (1.10%)	1 (0.54%)	1 (0.54%)
川东	156 (100%)	81 (51.92%)	9 (5.77%)	34 (21.80%)	13 (8.33%)	12 (7.69%)	2 (1.28%)		4 (2.56%)		1 (0.64%)		
川中	324 (100%)	126 (38.89%)	59 (18.20%)	78 (24.07%)	28 (8.64%)	21 (6.48%)	11 (3.40%)					1 (0.31%)	
川西	58 (100%)	14 (24.14%)	6 (10.34%)	13 (22.4%)	3 (5.17%)	18 (31.03%)	2 (3.48%)				2 (3.48%)		
川北	212 (100%)	57 (26.89%)	39 (18.40%)	29 (13.68%)	11 (5.10%)	70 (33.02%)	4 (1.89%)		1 (0.47%)			1 (0.47%)	
川南	374 (100%)	129 (34.50%)	81 (21.65%)	93 (24.87%)	39 (9.42%)	18 (4.81%)	12 (3.32%)	1 (0.27%)	1 (0.27%)				
川西南	94 (100%)	23 (24.47%)	24 (25.43%)	24 (25.53%)	4 (4.62%)	5 (5.32%)	1 (1.70%)	3 (3.19%)					
总计	1400 (100%)	477 (34.07%)	242 (7.92%)	320 (22.96%)	116 (8.29%)	169 (2.07%)	49 (3.05%)	5 (0.36%)	11 (0.79%)	9 (0.14%)	6 (0.43%)	2 (0.14%)	1 (0.07%)

1.（清）吴好文《成都竹枝辞》

湖广会馆数目最多，约占巴蜀地区同乡会馆总额的 34%。其他主要为：江西会馆约占 23%，广东会馆约占 8%，福建会馆与陕西会馆各约占 8% 和 2%。[1] 巴蜀地区现存较具代表性的同乡会馆院落有重庆八省会馆院落群及成都洛带镇会馆群等。

（二）重庆"八省会馆"院落群的空间特色

重庆"八省会馆"院落群即俗称的湖广会馆，其位于长江和嘉陵江交汇处，是东水门古城墙之内的重庆老下半城区域以湖广会馆为典型代表的明清会馆群的总称（图 5-30），史称"八省会馆"。其中包括两湖、两广、山陕、闽浙、云贵会馆。现存会馆院落包括湖广会馆（又称禹王宫）、广东公所（又称南华宫）、齐安公所以及江南公所。

以湖广会馆为主的院落群分层分台叠落在坡度呈 30° 的长江北坡上，因地制宜地构成了山地特色的组群式院落，整个院落群依山就势，层级而上，随地形起伏走向，与山水环境有机融为一体（图 5-31）。为显示各省经济实力及顺应环境需要，湖广会馆院落群不只是在平面上扩张，也借助地形层叠而上发展成了山地立体院落。因此，无论是从建筑周边的街巷还是自江中的游船望去，整个院落群均层级而上，层屋累宇，气象万千。如齐安公所的封火山墙院落（图 5-32）就是借助整个山势蜿蜒起伏，宛如双龙探江饮水，造型蔚然壮观。

禹王宫院落空间是由主轴的戏台院落及若干平行布置的天井院落所组成。一条梯道空间由两组院落的封火山墙限定而成，

---

1. 蓝勇. 西南历史文化地理 [M]. 西南师范大学出版社，1997：522-524.

图 5-30　重庆湖广会馆院落群

拾级而上，极具山地特征，将禹王宫院落核心的内部与外部空间（图 5-33）联系了起来，由于这条通道高差复杂，且狭长而深远，两侧的封火山墙也气势恢宏，因而整个梯道空间封闭而富有仪式感。该通道串联多组院落从而形成了不同标高的入口空间，每个入口的空间形态不尽相同，或直接融入室内厅堂，

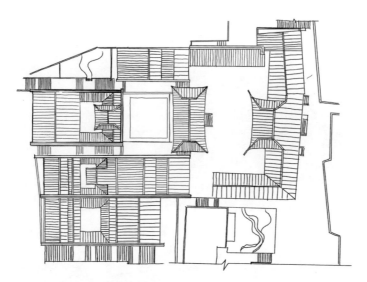

图 5-31　重庆湖广会馆总平面图

图 5-32　齐安公所的封火山墙

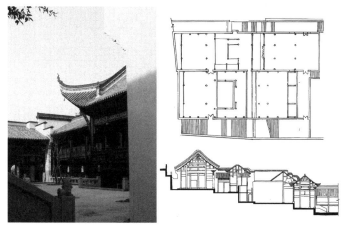

图 5-33　禹王宫的院落空间

或进入幽暗细长的天井空间，或进入明朗开阔的院坝空间，还可能转入尺度宜人的戏台院落中，这类明暗、宽窄、开合空间的对比变化使院落空间极具节奏感与戏剧性。

现存的广东会馆是单进院落空间（图 5-34），由戏楼、两侧厢廊以及敞厅所构成。戏楼为单檐歇山形态，中心院落由戏楼下部的架空层进入，两侧厢廊不仅具有观演功能，也作为交通枢纽空间连接戏台与敞厅。齐安公所院落由正殿、耳房、抱厅及戏台等构成，其中正殿最为高阔，采用抬梁式与穿斗式相组合的梁架构造（图 5-35）。主轴线上的院落序列由戏台、敞厅（抱厅）和正殿顺应地貌依次起台，整个空间节奏明快，有机流动。

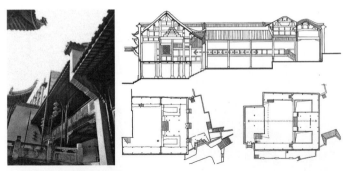

图 5-34　广东公所的院落空间

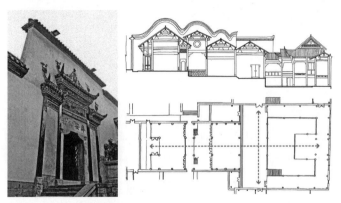

图 5-35　齐安公所的院落空间

二、川盐文化走廊与盐业会馆院落

川东丘陵地区散布着许多裸露地表的盐泉盐井。据文献记载，大溪文化中的"巫臷"或"臷民之国"[1]以盐变富，以至不耕而食、不织而衣。巴蜀地区的古巴国是一个以盐立国的国家，民间俗语"盐

---

1. 先秦《山海经》

巴"即"巴国之盐"。在巴国时期至秦占巴蜀后的千年里，其文化地理区域内产生了数条盐运贸易古道，这些古盐道是历朝最重要的交通干道并延续至今。古盐道上商贾汇集，大量盐业生产资料和手工业品在这里交换流通，商业极为繁荣发达。

（一）"川盐古道"的特征及其风土院落文化

"川盐古道"不仅在时间维度上跨越千年，在空间维度上范围也极广。其古道线路：西汉时期的"蜀身毒道"（图5-36），经云南昭通、曲靖、大理，从保山出境入缅甸、泰国，抵达印度，再从印度翻山越海到达中亚，直至地中海沿岸。晚清时期的"川盐济楚"，其影响范围也东至湖南、湖北、江西及安徽的沿线地区，北至河南、山西等广大地区。因此，"川盐古道"（图5-37）文化线路可以说是历史上中国内陆地区单一经济活动作用范围最广的线性传播形式。"川盐古道"极大地推动了区域社会经济发展，更重要的是其跨地区的文化廊道将土家、侗、苗、白、羌、傣、布依等众多少数民族文化紧密联系起来。

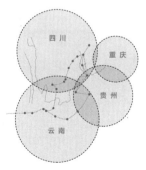

图5-36 "蜀身毒道"示意图

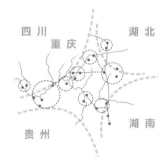

图5-37 "川盐古道"文化线路示意图

　　这条廊道的脉系节点更是蕴藉着浓郁的多民族建筑文化，其中的重要组成部分便是"川盐古道"上的特色风土院落空间，而其中最为典型的就是与川盐贸易密切联系的盐业会馆。盐业会馆是会馆的一种功能类型，纯粹按照同乡、行业等标准来划分类型不足以说明盐业会馆的成因。盐业会馆俗称"牛王庙"，是由于盐业出产多，借牛进行运输，致使多数陕西籍盐商推崇家乡民间的"牛王会"习俗，祭祀牛王菩萨（图5-38）。在川盐古道的辐射区域，盐业会馆由民间盐业贸易的文化交流衍化而来，因而盐业会馆可以说是基于"川盐古道"的文化传播而产生的独特的院落文化现象。这种文化现象一方面受制于巴蜀地域环境的影响，一方面根植于"川盐古道"的盐业文化。巴蜀地域现存较为典型的盐业会馆院落有自贡的西秦会馆、富顺的南华宫及龚滩的西秦会馆等。

图5-38　根植于盐业文化信仰下的自贡西秦会馆的重门仪列

（二）自贡西秦盐业会馆院落的空间特色

自贡西秦盐业会馆（图 5-39）建于清乾隆元年（1736 年），总建筑面积约 3200m²，由陕西籍盐商集资修建，主供关羽，民间又称"关帝庙"，为盐商们祭神、宴乐、议事的场所。院落群地处龙峰山下，因地制宜，逐台高进，布局富于变化，密中见疏，错落有致，节奏明快，整体院落空间对尺度、比例、统一、对比、均衡、节奏的处理均达到炉火纯青的程度。院落布局沿轴线南北方向纵深发展，对称布置，造型方正，形成了有纵深层次的三重院落。前院宽敞，适宜集会、观剧，后院紧凑幽深，用来进行会客、议事及祭神等活动。

院落空间的主轴序列为献技楼、大观楼、福海楼、大丈夫抱厅、参天奎阁、中殿、龙亭（已毁）以及正殿。主轴双侧有贲鼓、金镛两阁，后部有客廨、内轩、神庖等功能空间。入口牌楼门是四重檐牌楼门建筑，采取巴蜀地区常用的博风斜抹"破中"做法，显露出极为复杂的立面造型，构成了形式独特、大气磅礴、整肃

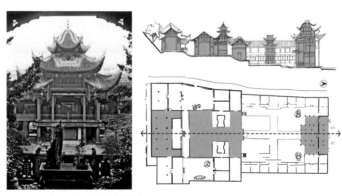

图 5-39　自贡西秦会馆的院落空间

图 5-40 自贡西秦会馆的入口空间

庄重的入口空间（图 5-40）。牌楼门与后侧的献技楼等三重楼宇穿插组合成一组结构复杂、层次丰富的入口建筑，其共有四个层次，依次为入口通道、献技楼戏台、大观楼以及福海楼，整体空间重檐叠阁，雄浑奔放。主轴两侧依次对称陈列金镛、贲鼓二阁，左、右客廨以及神庖、内轩等建筑单体，从而形成迂回曲折的院落空间，把整个院落群有机组合成若干组院落单元（图 5-41）。复杂的组合屋顶亦是西秦会馆院落形态的重要特色，入口牌楼、献技楼以及贲鼓、金镛两阁分别采用不同的复合屋顶组合，整个院落屋顶结构繁复，宏伟雄奇。这种新奇大胆、珠联璧合的院落空间在巴蜀明清会馆中极为少见。

　　院落构造细部更是多样繁复，整个建筑群的斗栱、撑弓、雀替、挂落类别繁多，制作精良。其中，中殿檐下的斗栱为五踩出双抄，并出 45° 斜栱，下层华栱栱头及斜栱刻成象鼻状，上层栱栱头刻作龙头状，凸显自贡盐业会馆在"川盐古道"上的重要社会经济地位，意义非凡。在雕刻题材及装饰风格上，地域文化风格浓郁。以历史上陕西的名人轶事为镌刻素材，如"戏雕《黄金窖》中的秦穆公、《杨门女将》和《杨宗保挂帅》中的杨家将、《九老图》中的白居易、《卸甲封王》中的郭子仪、《大登殿》中的薛平贵

图 5-41　自贡西秦会馆的院落空间

图 5-42　自贡西秦会馆戏楼院落的雕刻细部

和王宝钏、《苏武牧羊》中的苏武等"[1]（图 5-42）。这些装饰题
材在巴蜀地区的其他类型院落中并不常见，凸显了盐业会馆的独
特文化内涵。

　　总体上，西秦会馆融官式与民间建筑风格于一体，从基座、
屋身到屋顶，摆脱了传统营造法式的束缚，将形制各异的武圣宫
和献技楼等建筑组成了浑然一体的复合群体。

三、曲艺文化传播与戏楼院落空间

　　川剧，俗称川戏，盛行于巴蜀汉族地区，是融汇高腔、昆曲、
胡琴（即皮黄）、弹戏（即梆子）和四川民间灯戏五种声腔艺术而
成的传统剧种，可追溯到晚唐"杂剧"、南宋"川杂剧"，伴随
着移民运动而融百家技艺于一炉。川剧从现代意义上可以说是古
川剧与周边区域曲艺融会贯通后的集大成者。

1. 赵逵 . 川盐古道上的传统聚落与建筑研究 [D]. 武汉：华中科技大学，2007.

（一）巴蜀曲艺文化的发生及其影响

川剧曲艺在巴蜀文化艺术中占有十分重要的地位，其文化基因可溯源到先秦时代。"其为下里巴人，国中属而和者数千人。"[1]"下里巴人"即巴蜀民间歌舞者。两汉时代，角抵百戏为初期的川剧曲艺打下了底子。据《太平广记》及《稗史汇编》所载，秦人入蜀后，便有《斗牛》之戏。

在时间维度上，川剧融合了晚唐杂剧、宋元南戏、元杂剧等多个时代的代表性曲艺。唐至五代，川剧曲艺到达一个高峰，有所谓"蜀戏冠天下"之说，这一阶段的著名的代表性作品有《刘辟责买》《麦秀两岐》及《灌口神》等，并产生了中国戏曲史上最早的戏班，即《酉阳杂俎》中记载的干满川、白迦、叶硅、张美和张翱构成的戏班。在空间维度上，明清时期，大规模的移民活动不仅带来了生产资料与先进的技术，各区域的戏剧艺术也相继进入巴蜀，诸如安徽的徽调、江苏的昆曲、陕西的秦腔等。清中叶以后，现代川剧逐步产生，由昆曲、高腔、胡琴、弹戏和灯戏五种有差别的声腔构成，使川剧面目为之一新，各类声腔的代表性剧目和保留剧目也逐渐产生。

川剧曲艺较为系统地保留了南北戏曲艺术的精华，又融入了地域艺术的特色创作，将高腔、昆曲、胡琴、弹戏及巴蜀民间灯戏等多种声腔相融合，曲艺表演贴切细腻、灵活机趣，特别长于运用夸张的表现方法和高超的演技刻画人物，生活氛围浓郁。由于融合了多区域的民俗传统，川剧曲艺的艺术魅力极强，不论是翰林学士、官绅贤达，还是贩夫走卒、老幼妇孺，各阶级的人们

---

1. 战国《楚辞·宋玉对楚王问》

都融入了川剧的娱乐、观赏、创造之中，士农工商组织的各类行会、习俗节日、红白事等民间活动都离不开川剧曲艺。川剧曲艺以全景式的方式渗透到民间生产生活之中，以独特的艺术方式印刻着地方社会的历史变迁、民风习俗，表现了巴蜀地区多元融合的人文精神与审美品质（图5-43）。作为传统文化精神和社会历史变革的一种艺术见证，川曲从未中断，巴蜀地区的时代精神、社会面貌、历史变迁、民风民俗在川曲剧目中都有不同程度的生动反映。

图5-43　川剧藏刀
（来源：成都市川剧研究院的演出）

（二）巴蜀曲艺文化影响下的戏楼院落空间

川剧曲艺的逐步成熟直接影响了巴蜀院落文化的形态与发展，特别是戏楼院落，作为川剧曲艺表演的物质承载者，其空间形态直接被这种多源同流的曲艺文化所影响。早期民间观戏，多在宽敞的院坝临时搭建戏台（图5-44）。随着这种艺术形式的成熟定型，供戏剧曲艺演出的稳固场所——戏楼院落空间逐渐产生。巴蜀地区明清以前的民间戏楼院落现存极少，清中叶以后，随着农耕经济的发达与场镇商贸的繁盛，曲艺文化逐渐成熟而繁盛于场镇乡间。加之聚族公共活动因移民运动而日益频繁，且多以曲艺作为感情联络的纽带，这极大促进了各类祠庙会馆、家族祠堂及宅院庄园与戏台院落的组织结合（图5-45）。按照功能类型，巴蜀戏楼院落空间可分为：祠庙会馆型戏楼院落、家族祠堂型戏楼院落、宅院庄园型戏楼院落、茶园观赏型戏楼院落。由于服务的人群结构不同，这些戏楼院落的功能性质以及布局形制也不尽相同，但因其共同满足巴蜀川剧曲艺的观演需要而具有极为相似的空间逻辑与结构。

1. 戏楼院落空间的原型与尺度

巴蜀地区川剧曲艺的戏楼，是与戏剧伴随而生的建筑样式，又称"乐楼""献技楼"。巴蜀地区的戏楼大多组合于风土院落中，

图 5-44　临时戏台
（来源：明崇祯本《青州风物志》）

图 5-45 自贡西秦会馆的戏楼空间

与主厅堂或入口相对，位于主轴线的重要节点位置。根据功能需求或地形分台变化，通常架空部分作为院落空间的入口通道，戏楼在结构形式、构造细部、民俗装饰等方面都较为奢华精致。

戏楼平面布局多为矩形（图 5-46），戏台布置有一套成熟的形制体例，戏台的前部为前台，后部为化妆间，通过马门隔断区分空间。一般戏台两侧有通廊，由通廊可到达舞台。通过考证可知，根据功能性质以及财力物力的差别，各地戏台尺度均有所不同，但尺度比例多相似，戏台区的宽度大于进深，一般为 1.5：1，部

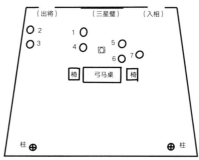

（出将）　　　（三星璧）　　　（入相）

图 5-46　川剧戏台平面示意
（来源：《舞台艺术》）

注：[回] 放堂鼓的小桌子
1. 鼓师 2. 大锣 3. 大钹 4. 小锣 5. 堂鼓 6. 下手师 7. 上手师

分区域比例甚至更大。这类比例尺度一方面是由于戏台前的观众席是横向展开的，戏台加宽以便于更多观众从正面看戏；另一方面是与川剧演出程序的关系极为密切，这种戏台的形制与尺度服务于川剧相关人员的演出流线。[1]

2. 戏楼院落空间的开敞与延续

巴蜀川剧曲艺的戏台三面开敞，舞台上几乎没有特殊的固定设施，空间限定也十分明确，从而保证了川剧曲艺演出的"三面可观性"[2]。这种多方位的观演可让观众更真实地欣赏现场表演带来的特殊魅力，而不是现代剧场的镜框舞台[3]带来的观众与演员缺乏交流互动的电影式观看效果。

这种空间的开放性并不局限于川剧曲艺表演的戏台，提供观

1. 高翔. 川剧观演建筑的时代适应性探索 [D]. 重庆：重庆大学，2008.
2. 三面可观性是指可以从三个方向观看曲艺表演，这种多方位的观演可以让观众多视角地欣赏表演，而不是现代剧场所诟病的正面平面式观演。
3. 镜框式舞台主要包括台口、台唇、主台、侧台、栅顶、台仓等。现代剧场这些繁杂的功能构造一方面用于报幕、谢幕、场间过场戏，另一方面侧台空间除满足车台停放要求外，还需布置存放和迁换景物所用工作面。此外，还有用于转换剧幕的天桥、吊杆、天幕等功能空间的介入，都使得现代剧场的舞台更加复杂化。

演场地的院落空间也是开敞且连续的，这种开放性不仅体现在观演视线的通透性与多方位上，还体现在观演者与表演者之间的空间连续性上，这种空间连续性服务于神灵信仰、祖先祭祀、民俗活动、节庆宴乐。川剧曲艺的观演者与表演者一直是紧密互动的，这使川剧曲艺在广阔的民间文化演变中发展出了独特的空间话语。观演者一方面要让情感、思想"入戏"，另一方面要使行为、感受"出戏"，对演员的做功、唱腔等技艺及时作出生动点评。这种空间连续性既是视觉与听觉上的连续，更是情感与精神上的承接。

3. 戏楼院落空间的容量与形态

为保证川剧曲艺演出在观众视线与听觉上的均好性，巴蜀戏楼院落空间的尺度取值均保持在一定的数据范围内。一般院落面阔多在 12 ~ 20m 左右，进深多在 12 ~ 40m 左右。同时，巴蜀戏楼院落对视线的均好性设计多巧妙利用地形分层筑台，因势利导，层层跌落，构造良好的空间层次，塑造良好的视线通廊。

以重庆湖广会馆为典型（表 5-2），为实现观演的功能需求，

院落空间的高差处理   表 5-2

名称	空间分析	测绘技术图
湖广会馆 禹王宫		
湖广会馆 广东公所		
湖广会馆 齐安公所		

248

院落空间顺应地形修筑两层台地；禹王宫戏楼采用山地吊脚的方式契合地形，营造戏楼院落；齐安公所和广东公所的戏楼院落顺应地形，采用一台一殿的空间形式。这些戏楼院落在院落形制、布局以及应对地形的策略上均不尽相同，但在观演视线的处理上均有效地利用了山地地形地貌。

4. 戏楼院落空间的流动与舒适

巴蜀川剧曲艺对表演空间和观看空间的关系的限定较为模糊，流动性很强，这种流动性是延绵数百年的经验积累而成，从"随地做场"到"筑台为场"，最终演变成具有固定容量与独特场域的戏台院落场所。该场所通过对院落空间容量的有效控制，营造合适的声线反射与混响时间，达到具有极强内聚性的声场效果，将观众与演艺者的时空场域有机融为一体。观演者亦可随时表现自我感受并干涉台上表演，诸如"喝彩""打彩""放炮挂红"，甚至到高潮时，热情鼓掌，大声叫好等（图5-47）。这种台上台下的互动关系加强了这种空间的流动性。

巴蜀民间川剧曲艺的演出，通常能吸引方圆数十里的百姓前

图 5-47 川剧观戏喝彩的观众

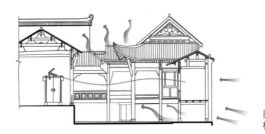

图 5-48　齐安公所戏
楼院落的通风分析

来观看，热闹非凡。此时，观演空间的舒适性问题亟待处理，尤
其是巴蜀地区夏季湿热时的通风与多雾时的采光成为首先要考虑
的因素。巴蜀地区的戏楼院落一般在有限的用地内以院落、天井
组合的方式组织采光，运用地形高差和戏楼底层过厅作为进风口
组织通风（图 5-48）。台地院落的高差形成气压差，从而形成烟
囱效应，结合戏楼院落的冷巷与拔风天井，通风效果极佳。若是
结合江河池塘的区域风廊设置戏楼院落，更是凉风阵阵、舒适宜人。
运用地形地貌和气候环境，巧妙地组织和利用生态空间的这类戏
楼院落，确保了演出者与观演者的舒适性。

第四节　本章小结

首先，从巴蜀地区的祖先崇拜与院落祭祖空间、神灵崇拜与
院落祠庙空间两方面论述巴蜀民俗信仰与风土院落空间。立足于
史料与田野考察，分析以家庭为单位的"堂屋"空间、以家族为
单位的"祠堂"空间，阐述了祖先崇拜与院落中祭祖空间的特色

构成；分析祭祀路线与祠庙院落入口空间、祭祀模式与祠庙院落祭祀空间，阐述了神灵崇拜与祠庙院落空间的特色构成。

其次，从巴蜀地区传统伦理观念与院落空间组织、民间火塘禁忌与院落精神空间、民间风气习俗与院落入口空间三方面论述巴蜀民俗风气与风土院落空间。立足于史料与田野考察，分析院落空间组织的地方伦理表达、伦理观念与堂屋的朝向方位，阐述了传统伦理观念与院落空间组织的特色构成；分析火塘在风土院落中的世俗功能、精神空间，阐述了民间火塘禁忌与院落精神空间的特色构成；也分析风水朝门、门屋式入口以及砖坊门堂，阐述了民间风气习俗与院落入口空间的特色构成。

再次，从巴蜀地区移民迁徙的滥觞与同乡会馆院落、川盐文化走廊与盐业会馆院落、曲艺文化的传播与戏楼院落空间三方面论述巴蜀文化交流与风土院落空间。立足于史料与田野考察，分析同乡会馆院落的移民基础及其文化特征、重庆"八省会馆"院落群的空间特色，阐述了移民迁徙的滥觞与同乡会馆院落；分析"川盐古道"的特征及其风土院落文化、自贡西秦会馆院落的空间特色，阐述了川盐文化走廊与盐业会馆院落；也分析巴蜀曲艺文化的发生及其影响、巴蜀曲艺文化影响下的戏楼院落空间，阐述了曲艺文化的传播与戏楼院落空间的特色构成。

最后，通过对巴蜀民俗信仰、民俗风气、文化交流的三重考察，完成了从"民俗—交流"的文化学考察向"形制—空间"的建筑学考察的转变，梳理了巴蜀民俗文化环境对院落空间的深刻影响，这种影响使民俗文化环境通过对"人"进行塑造而最终物质化于巴蜀风土建筑的院落空间。

第六章 ｜ 巴蜀风土院落空间的地域构筑技术

　　风土院落营造的材料选择、结构构造及加工技巧等构筑技术体现了浓厚的地域特征，这类特性不仅是客观地理环境的"物质"特性的表现，更是人类实践经验的"人文"积累的表现。这种构筑技术包含着文化地理特征，反映了特定地域环境下的物源特色，是区域性传统生产方式与手工技术的见证。可以说风土院落的地域构筑技术是风土院落空间的直接动力源。

　　巴蜀地区温暖潮湿，竹木繁茂（图6-1），沿江多产砂石，山地多产页岩。风土院落的构筑在材料选择的匠作制度上，顺材依性原则明显，强调多样原材料的在地化应用。为充分发挥材料

图6-1　重庆江津地区茂密的竹木

的自然特征，采用具有地域适应性的构筑技术，力求因地制宜，因材施用。穿斗木构连架是巴蜀地区风土院落的重要特性，适应性极强，其构造可巧妙利用台、挑、吊、靠、跌、爬等特有的山地营造方式，使风土院落更好地适应环境。根据风土院落各自的使用空间与功能需求，工匠师采用多种材料修筑，竹、土、石、草、苇等自然材料也常作为辅助原材应用于风土院落。这类地域构筑技艺在顺应巴蜀山区地形、气候条件和地方原材的使用等方面皆有许多独到之处，因地制宜、因材施用、构造简洁、经济实用等特征显著。明代以前，巴蜀地区风土院落多为土木构造，屋面用瓦不多，多以茅草为材。明中期后，随着材料加工和构造技术的发展，巴蜀地区的风土院落中砖、瓦、石灰等人工建材盛行，砖瓦结构逐步增多，其砌筑方式日渐丰富多样，砌筑技术与制砖技术也相应日趋成熟，但仍以木构为主[1]。总的来说，以木构技术为核心，土木并用、砖石并举（图6-2），成功实现了将院落空间与自然环境相协调。这种协调性是在特定的地理气候、社会风俗、政治经济的环境中产生的。这种敬重自然、顺应自然的技术思想是巴蜀风土院落形制发展的动力源泉。

　　巴蜀地区风土院落不仅是"物质"特性与"人文"特征的集中体现，其也作为一种满足居住功能的生活空间，真实地体现民间生活。而这种民间生活空间的营建离不开地域构筑技术的发展，因而地域构筑技术在整个风土建筑发展过程中占据了重要地位。这种构筑技术的发展以建筑材料、结构以及多种细部的处理等方

1. 赖悦. 清代移民与四川经济文化的变迁 [J]. 西南民族学院学报，2000，5：151.

图 6-2　重庆安居古镇栅子门街巷及其附属院落

面的进步与变革为核心展开[1]。地域构筑技术的发展革新客观地反映了当时当地的民间生产力水平，也推动了风土院落建造工艺的持续提高。

第一节　巴蜀风土院落空间的木构连架技术

　　木构连架体系作为风土院落的基本结构体系，是中国传统院落结构的主要组成。自古以来，中国传统建筑以木构连架体系为主。学界对其成因历来存在两种观点："文化成因说"与"环境成因说"。中国地大物博，资源丰富，植被茂密，尤其是巴蜀地区盛产的松、柏、杉等大多是民间院落的建造材料。木构连架体系的风土院落分布广泛，经济实用，民间工匠掌握了较为成熟的工艺制度，木构技术也极为成熟。风土院落的木构连架主要包括抬梁式和穿斗式两种，由于巴蜀地区地形复杂且受制于民间经济性考量，多选用用材经济且适应性好的穿斗木构连架体系，而抬梁式木构连架多与穿斗木构连架混合使用，以满足大空间需求。

一、穿斗木构连架的构成与特点

　　穿斗结构指用穿枋把柱子串联起来，形成单榀房架，檩条直接搁置在柱头上，沿檩方向用斗枋把柱子串联起来，从而形

---

1. 刘昌德. 建筑空间的形态·结构·涵义·组合 [M]. 北京：中国建筑工业出版社，1998.

图 6-3　巴蜀地区穿斗构架

成一个整体的框架[1]。穿斗构架作为巴蜀风土院落最常用的结构体系，是一种韧性极强的结构体系，结构做法灵活，可根据实际需要进行调节，灵活度较高，适应性极强，便于院落空间的变化衍生（图6-3）。其特征是木材用料少，断面小。无论柱檩还是穿枋，用料均远小于抬梁式。

（一）穿斗木构连架的构成要素

穿斗构架一般由柱、枋、檩、挂以及欠子所组成，檩直接落于柱头或短柱，以柱而不用梁直接承檩，以枋穿柱，构成房屋构架。水平与垂直构件互相穿插，一起受力，构成一个整体（图6-4）。

立柱：穿斗构架多采用细柱，直径约 200～300mm。常见做法是以柱直接承檩，相邻柱头间水平间隔为"步长"，柱与柱间用穿枋相接，使柱相互连接形成整体。

---

1. 潘谷西. 中国建筑史 [M]. 北京：中国建筑工业出版社，2009：4.

257

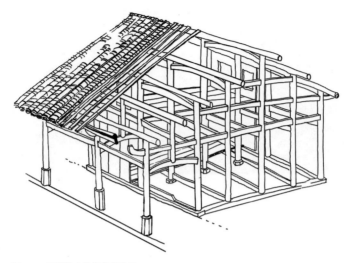

图 6-4　巴蜀风土建筑穿斗构架
（来源：作者改绘自《地域技术与建筑形态》）

檩挂：檩和挂多贴在一处，檩上挂下，民间称之为"双檩"。檩用于承椽子，挂则使柱稳固。在风土建筑中，堂屋正中的挂俗称为"梁"，常以向上微拱的圆木制成。民间的"上梁"，即堂屋正中的"挂"。

穿枋：关联柱之间的重要部件，以枋穿柱，将柱连接构成排架。穿枋断面高而窄，断面高宽比约 2∶1，尺寸高约 100～200mm，宽约 50～100mm。穿枋大小视风土建筑构架及檩柱而定，民间常见做法包括三檩一穿、五檩二穿、七檩三穿，以此推而广之。从风土建筑构架的承载力的角度看，每柱落地的穿斗构架，其穿枋仅起连接作用；而用于支承不落地的短柱的穿枋，则要起到梁的作用。

欠子：与穿枋共同起连接作用的构件，欠子的断面高宽比值约 3∶2。民间常根据连接位置的差别将欠子分成天欠、楼欠与地欠三种。天欠在柱上部，起连接作用，楼欠在柱中部，以承接楼板，地欠仅用于修筑地楼。

（二）穿斗木构连架的构成方式

巴蜀地区的穿斗木构连架主要包括千脚落地式、隔柱落地式以及不规则间隔落地式。

千脚落地式（图6-5）：檩柱完全承力，穿斗构架的柱全部落地，柱间步距约3尺，穿枋只起连接作用，并不受弯；其间没有瓜柱，檩条全部由落地柱来支承，是完全的檩柱支承，穿枋只起拉接作用。这种构成方式利于加强构架的稳固性与柔韧性，但耗材较大，划分内部空间不方便。

隔柱落地式（图6-6）：檩柱不完全承力，两柱之间加设短柱，穿枋承接短柱的荷载，承担拉接与受弯的双重力学性能。短柱也分长短，可贯穿多个穿枋，但不落地，由此柱间步距可增大一至

图6-5　千脚落地式

图 6-6　隔柱落地式

数倍。隔柱落地通常分为隔一柱或两柱，甚至隔三柱。隔柱落地，一是由于立柱减少，更节省木材；二是由于柱间距更宽，空间灵活性好，适用于对室内空间要求较大的厅堂等空间类型。

　　不规则间隔落地式（图 6-7）：巴蜀地区穿斗木构连架在工程实践中常将几种做法相结合，如隔一柱落地常与隔两柱落地式甚至隔多柱落地相结合，做成极富地区特色的穿斗构架体系。在室内空间做法上，为进一步增大室内空间的面积，主要空间的立柱往往全部搭在檐柱之间的穿枋上。这种形态的穿枋可视作"近似抬梁"的构造，但与传统的北方抬梁式仍有所差异，如将梁放置在柱上，再将檩条放在梁上的抬梁式。而这类穿斗式仍将檩条放在柱上，穿枋再与柱上的卯口相接以承接短柱荷载。此外，其空间形态亦有差别，如抬梁式的梁的形态常为长方形断面形制，而这类穿斗式则保持木材原有形态，且材料多有一定的弯度，曲

图 6-7　不规则间隔落地式

面向上，以便于材料的受力。这种弯曲的枋犹如月梁，形态朴实优美。

（三）穿斗的空间整体性与结构柔性

自古以来，巴蜀民间便有"墙倒屋不塌"的谚语。穿斗结构由于柱多檩距小，在进深方向采用多层穿枋，在面阔方向采用横枋，从而构成一体化的木框架，极大增强了构架的空间整体性。由于柱多枋短，接地处所受的弯矩减小，从而提高了抗动荷载的能力。为了经济、简单，民间建房常采取"穿梢"的连接方法，以枋穿柱并用木楔连接固定，从而将柱与枋一体化，极大增强了构架的抗震性能（图6-8）。由于木构连架在结构力学意味上属于柔性体系，其节点均采用铰接，受力后易变形，因此穿斗木构连架"结构柔性"很强，可承受很大程度的结构变形。

图 6-8　中山古镇民居院落穿斗构架

二、穿斗木构连架的地域适应性

穿斗木构连架的结构灵动轻巧，取材方便，施工简单，可灵活顺应巴蜀地区的文化环境。穿斗木构连架由于空间整体性好，便于架空、悬挑、部分增补，整体形态轻巧、和谐，很好地塑造了巴蜀地区风土院落的空间形态。

（一）灵活适应地形地貌

穿斗木构连架以排架密柱的方式修筑，柱、枋穿插灵动，构架轻巧，技艺简单。这为风土院落空间的错层、拖厢、梭坡、跌落、悬挑、干栏、吊脚等多种处理方法提供了结构支撑，使风土院落依附于地形，错落有致，处理灵活，有效地适应了巴蜀地区复杂的地形地貌（图6-9）。诸如巴蜀地区的吊脚楼院落，多采用不等高的穿斗木构连架，以适应地形起伏，通过增减步架模数的方式实现步架间距离的自由调节，使天然的地理环境的影响最小化，使风土院落稳固地扎根在复杂多变的地形环境里。在风土院落的

图6-9　合江福宝古镇民居院落穿斗构架

扩建、改建及增建中，亦可自由灵活地调整穿斗木构连架以改变院落的空间组合，随地形延展，实现空间的错落变化。

（二）施工简便，用材经济

穿斗构架以小步架的柱承檩，柱距加密，避免使用受弯的梁，使穿斗木构连架不再使用大料，以小材充大任，在选材上经济意义显著。穿斗式式木构连架除缩减构架自身用材外，还可以合理节约屋面用料。这是由于柱距的加密采用密排的小椽木即可，可以省去抬梁构架屋面所需较大截面的椽条与望板。穿斗构架施工简便，为灵活适应功能需求，一般以"间架"为规制，间架与柱、枋、檩、椽等部件均有成熟的工艺做法，集规范性、多样性与灵活性于一体，操作简单经济（图 6-10）。民间工艺做法为：在建房现场把穿枋与柱子连接成一排排的穿斗排架，挑选上梁吉日，将各排穿斗排

图 6-10　重庆江津地区穿斗构架

架用欠子组合成框架体系，再在檩条上铺好椽条，最后铺上小青瓦，如此整个屋架便可完成。安装屋架时间一般为一天，施工简便，工期极短。

（三）简化建筑结构构造，空间形态灵活丰富

巴蜀风土院落的房檐出挑都较为深远，属巴蜀地区院落独特的形态特征。针对大出檐的处置，抬梁木构连架多采取结构繁复的斗栱或大尺度挑梁，而穿斗木构连架既可以挑枋穿过檐柱出挑，直接承托挑檐檩，也可在挑檐檩下加短柱，再骑于挑枋上，挑枋后部则穿插入内柱。这种挑枋出檐做法的构筑方式十分灵活，极大简化了抬梁式构架的构造体系（图6-11）。

巴蜀风土院落平面变化多样，屋面组合方式也灵动多变，排架密柱的穿斗木结构比抬梁构架更能适应这种院落空间。如穿斗

图6-11 酉阳龚滩某三合院

构架可采取"檩搭檩"的简洁手段处理院落屋面转折，而抬梁构架则需递角梁与窝角梁。又如为增强房屋的采光通风，抬梁构架须在屋面开天窗或做重檐，使用檐间通风；而穿斗构架只需把中柱抬高，再加两根斜角梁，做成简单的歇山屋顶，利用山墙面开窗进而通风。亦可将各排中部穿斗列柱抬高，挑出屋檐，构成重檐样式。以上都是极为简单且实用的构造做法。

三、穿斗与抬梁结构的综合利用

（一）穿斗与抬梁的结构比较

穿斗式与抬梁式均属木构连架体系，但应用的地域类型、传力方式以及选材标准均有很大差别。抬梁式广泛应用于北方官式建筑，可营建无中柱的开敞大空间，但选材规格高，构造较为繁杂。穿斗式普遍应用于南方民间建筑，用料经济，结构简单，灵活性强。

抬梁式是梁柱支承体系，其传力采用梁传柱的模式，梁是受弯构件，尺度可达四步架或六步架，每步架约 1000 ~ 2000mm。由此，抬梁式构架可获得较大空间跨度，但梁、柱及檩在选取材料方面所需断面较大（图6-12）。穿斗式以排架密柱的方法构造，作为檩柱支承体系。其传力采用檩传柱的模式，穿枋在千脚落地式的穿斗构架中只受拉不承重，而在其他形式的穿斗构架中兼具拉接与受弯的双重职能，但由于跨度很小，受力不大，民间匠人早就了解到了木料拥有"横担千，竖担万"的特征。穿斗式正是借助檩柱支承体系，不得不增多立柱，略去梁的作用，尽量表现木料特性，这种做法经济适用。

图 6-12　四川成都某风土院落的抬梁构造

（二）穿斗与抬梁相结合的木构连架体系

巴蜀地区穿斗木构连架的局限性：一方面，排架密柱造成功能空间跨度小，难以满足厅堂等大空间需求；另一方面，用料规格小，构造简易，难以适应多楼层的荷载。为处理这些难题，民间匠人将抬梁式与穿斗式木构形式相结合，巧妙运用，优势互补，以适应空间及荷载的需求。

如重庆石柱西沱古镇某风土院落的穿斗构架（图 6–13），由于中厅空间较大，采用抬梁式木构承重，两侧厢房则采用穿斗式木构连架。在单栋房屋内将两种木构连架综合并用的情况也经常

图 6-13　重庆石柱西沱古镇某风土院落的穿斗构架

出现，这样，使院落空间既可满足厅堂内部的空间跨度，又能维持构架的灵活性和用材的经济性。巴蜀地区的木构连架体系还有一种类似抬梁式的穿斗构架，这种穿斗构架的穿枋跨度长达多个檩距，承担多根短柱的荷载，事实上形成了抬梁构架中的"三步梁"或"四步梁"，但其穿枋两端的立柱仍采用檩柱支承体系，这类构架本质上是穿斗与抬梁的混合构架，如重庆石柱西沱古镇某风土院落中的敞厅、堂屋用穿斗构架，正厅采用抬梁与穿斗组合式构架，而门厅的构架体系则采用穿枋跨度长达多个檩距的穿斗构

图 6-14　重庆石柱西沱古镇

架（图 6-14）。以上案例对抬梁与穿斗的各层次组合生动地体现了巴蜀地区木构连架体系的灵活性、适切性与实用性。

第二节　巴蜀风土院落空间的生土墙构筑技术

生土墙是中国风土建筑中使用最广泛、最古老的建筑材料，

图 6-15　仰韶文化中的生土墙遗址

早在新石器时代的仰韶文化时期就已出现（图 6-15）。生土墙的隔热、隔声性能优良，承载性能强，且造价低廉，材料就地可得，施工流程也较为简单。巴蜀地区风土院落中的生土墙充分体现出了其纯朴的自然本色，在视觉和触觉上均质朴、厚重。生土墙可分成夯土墙和土坯墙两种，夯土墙多散布在峡江丘陵地带，土坯墙在成都平原地区使用较多。

一、版筑墙体的构筑方式与特点

《尔雅·释器》称："大版谓之业。"《说文解字》："筑，捣也"，即人力捣实。版筑墙体的模具由两块侧版和一块端版构成，另一端加活动卡具，侧版较长，称"裁"（图 6-16）。夯筑后，拆模平移，接连夯至所需尺度，为第一版；再把模具移放至

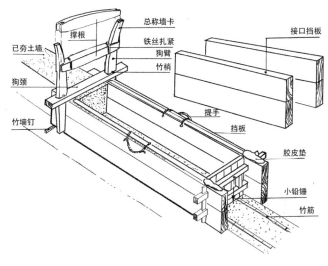

图 6-16 版筑墙的木夹板工具
（来源：《中国民居建筑》）

第一版以上，筑第二版，逐版抬高，直至所需高度 [1]。商周时期，版筑墙的夯土工具为石硾；春秋战国时期，已使用铁夯；明清两代，夯硾形状多变，有木硾、石硾、铁硾三种，夯头大小不一。筑墙打夯，施工一般采用多组执夯，按排打夯，待土质凝结坚固后再提升墙版，墙身两侧的墙版提升均用脚手架。

（一）版筑墙体的配比及夯筑

夯土技术最早用来加固地基基础或填方筑台，随后衍生出版筑墙的技艺，"以木板作模，其中置土，以杵分层捣实，又称为'板

1. 中国科学院自然科学史研究所 . 中国古代建筑技术史 [M]. 北京：科学出版社，1985.

271

筑',一般用黏土或灰土(土灰比值为6∶4)。"[1]版筑墙的选料须为黏性好、含砂多的生土,这类生土干缩性小,可减少裂缝,同时土质含水量须适中,以便夯实。

巴蜀地带的版筑墙夯筑做法很有特点,夯筑器具大多为木夹板、墙杵、撮箕、铲子等,材料一般采用黏土或灰土,墙体内常分层,加入竹筋以增强整体性。竹筋可平行放置,亦可做成八字筋形式,互相套接。部分地区加入鹅卵石、石灰等,做成三合土夯土墙。川北一带的版筑墙也常采用石灰、沙子、鹅卵石混合而成的三合土来夯筑,密布的鹅卵石可有效提升墙体的负载能力。夯筑时,每版高不过400mm,长约2000mm,上下错缝夯版,夯筑落窝要有规则,每版要分三次夯成,每次夯筑的土墙高度不能超出3000mm,须等待下层干透再夯上层,多层楼屋的土墙要采用逐层收分的技术措施。理论上,夯筑位置越高,墙体所受压力越小,夯筑次数以及要求可以相对降低。土墙夯筑的最终质量与备料成分、施工技术及气候环境密切有关。一般来说,气候会影响施工进度,冬季及雨天不适合施工。夯筑一般需4～5人协助完成,其中部分人负责夯墙,部分人掌管地上的装料,部分人承担传料。版筑墙的墙基材料一般是青石(图6-17),以避免水气损害。版筑墙的隔热、隔声性能好,又有一定的承载能力,材料获取方便,施工简单,因而适用范围广。经验丰富的匠人能正确把握添加辅料的比例、夯筑程序以及夯筑时长,可使版筑墙体保持数百年而屹立不倒。

1. 中国建筑史编写组.中国建筑史(第三版)[M].北京:中国建筑工业出版社,1992.

图 6-17　四川阆中某风土院落的版筑墙

（二）版筑墙体的抹面及成型

夯筑好的版筑墙一般要经过墙体的修正、抹面才能最终成型，这种做法须在墙体未风干之前对墙面进行二次施工。在民间，施工工序分为大板、小板和抹面。首先，用大板将版筑墙面拍击结实，这样就强化了版筑墙的表层密度，从而增强了墙体的坚固性与防潮性，也利于墙体的美观；然后进行补墙，使用较为细腻的补墙泥，用小板拍实、抹平；最后进行抹面处理。抹面有两种做法：一种是采用细筛后的混合土抹面，有的地区也在其中加入细碎的稻草，厚度约 10mm，墙体呈黄色（图 6-18）；另一种是使用石灰加细砂抹面，墙体呈白色。版筑墙经过抹面处理后，其建造过程中产生的特有的材质肌理将会被放弃。有时墙体不做抹面，这样，墙面上版筑墙横向切分的痕迹就非常明显，能充分表现原生材料的肌理。

图 6-18　重庆巫山某民居院落的版筑墙

二、土坯墙体的构筑方式与特点

在中国历史上，土坯与版筑技术几乎是并行发展的，是传统且古老的构筑技法（图 6-19）。各地区的土坯制作、应用方法大致相同，但也存在地域差异，其制作工具主要有铁锹、二齿钩、三齿钩、水桶、木模、石板和石踩子等[1]。根据地区地理条件、气候环境及生土的特征，将稻草或其他纤维添加在土坯中以提高土

1. 李浈. 中国传统建筑形制与工艺 [M]. 上海：同济大学出版社，2006.

图 6-19　使用土坯砖的偃师二里头宫殿遗迹
（来源：《偃师二里头遗址研究》）

坯强度，依据功能用处制作出不同形态。

（一）土坯砖的制坯及配比

　　土坯墙体的制坯技术主要有四种：水制坯、手模坯、柞打坯、土筏子坯。巴蜀地区利用水制坯法做成土坯墙体的土坯砖，在成都平原地带应用十分普遍。其制坯过程为：选定湿润的田土，在稻田里放水，保存稻根以调养坯地。待生土半干时，用石碾压实，其中的稻根变成了原始骨料，然后按土坯的尺度用铲刀划分（土坯厚约 350mm），再用铲子翻出土块晒干，移至干燥处烘干，待到次年完全干燥后方可使用。除了黏土，土坯砖的成分还有多种辅料，诸如锯末、马粪、牛粪或经过切割的稻草等（图 6-20）。

（二）土坯墙的砌筑及工艺

　　与版筑墙的砌筑相比，土坯墙更为灵动便捷，可一次性加工成型并从底层一直砌到顶层，通过不同方法可砌筑出多种形态，现场施工技术要求低，但这种装配式砌筑的土坯墙体耐久性不如

图 6-20 制作成型的土坯砖

版筑墙（图 6-21）。土坯墙砌筑方式主要有五种：全用土坯、填心砌法（周围用砖，心内用土坯）、半土坯墙（上土坯下夯土）、空心墙（墙内用土坯砌筑，内部作空心横砌）、土坯与砖混合墙（土坯墙上部分用砖包边，或者砖包皮，中间为土坯）[1]。

　　为强化土坯墙的持久性，在工艺上要求土坯整体必须匀称干燥，尽力避开在干燥时发生变形。在砌筑时须在表面洒水，以增强凝结性。土坯墙在砌筑时常常以泥浆为胶粘剂，巴蜀地区在砌筑墙体时有的还要在泥浆层中掺入草筋以提高墙体的强度。待土坯墙成型后，在外部涂上一层灰泥，再进行抹面处理，这样能有效增强墙体耐久性[2]（图 6-22）。

1. 李桢 . 中国传统建筑形制与工艺 [M] . 上海：同济大学出版社，2006.
2. 王其钧 . 中国古建筑语言 [M] . 北京：机械工业出版社，2007.

图 6-21　砌筑成型的土坯墙体

图 6-22　重庆云阳地区民居院落的特色土坯墙

三、生土墙体的地域性技术特色

传统乡土材料不仅拥有物质功能，还蕴藉着文化制约、心理认同以及情感表达等因素。巴蜀地区的生土墙体敦实厚重，取材便捷，坚固耐用、经济适用，自然气息和文化归属感极强。作为一种建筑材料，生土变成了维持风土院落文化与区域关系的纽带，使风土院落空间与地域土壤之间产生了不可分割的联系。

（一）生土墙体的地区适应性特征

生土墙体容易受潮而失去承载力，因此有的合院采用石头砌成墙基，然后在石基上夯筑生土墙，以达到保护生土墙体的目的（图6-23）。生土墙体在风土院落中被用作围护结构，或者结合

图6-23 巴蜀地区极具特色的生土墙体

木构连架作为承重结构。其主要类型有土坯墙和版筑墙两种。巴蜀丘陵山地的土质略带粉沙，该地区风土院落常用版筑墙体；而成都平原地区土层厚实、黏性好，适合土坯砖的制作，该地区风土院落常使用土坯墙体。

由于生土墙体蓄热系数大，因而能很好地调节风土院落的微气候环境，使得室内冬暖夏凉，同时，院落在湿热多雨的气候条件下能起到防潮的作用。巴蜀多雨，生土墙体多用石砌墙基，由于土墙自重较重，不利于设置窗洞，因而整体较为封闭。部分地区风土院落采用土木并举的方式，墙体下部采用生土墙体，上部采用夹壁墙等轻质墙体，与穿斗构架组合应用，可减小承重，便于设置窗洞，从而形成下部厚重敦实、上部轻巧灵动的地域特色（图6-24）。

（二）生土墙体的地区美学风貌

巴蜀地区的生土墙体色彩凝重、体量敦厚，强烈地凸显了材质本身所塑造的空间感染力，表现出了风土建筑内外统一的纯净空间。这种墙体所呈现出的淳朴的质感，超越了其自身的物理本质，而传递出一种地域性的身份认同感。这种材料的利用源于地区性的熟悉而亲近的自然环境，有着粗犷而亲切的触觉感受，能唤起当地居民的情感共鸣。

生土墙体相对来说是比较质朴简洁的，没有过多的附加装饰，完全凭借材料本身的表现力。生土墙体的质感、肌理、色彩以及其厚重的体量感凸显出强烈的地域性特色，在某种意味上，这类地域性是官式建筑中的"金碧辉煌"抑或"雕栏玉砌"都不能相媲美的。同时，巴蜀生土墙体经过与木构连架体系及砖石构筑体

图 6-24　巴蜀地区民居院落的生土墙

系的结合亦能在材料、质感、肌理、色彩、造型方面保持高度的空间同构性，促成巴蜀风土院落样式的协调与统一的美学特色（图 6–25），表现出浓郁的乡土气息和浑然天成的艺术效果。

280

图 6-25　巴蜀地区某民居院落

第三节　巴蜀风土院落空间的空斗墙砌筑技术

砖作为人工建材，源远流长。约在西周时代，砖已产生，用
来构筑台基、砌筑墙体以及铺设地面等；两汉时期，我国古代砖
瓦制作技术发展较为体系化（图 6-26）；魏晋时期，砖变成了常
见的建筑材料；明清以降，制砖技术与砌筑技艺愈发成熟，砖瓦
开始大规模用于风土建筑。《天工开物》记载："汲水滋土，人
逐数牛错趾踏成稠泥，然后填满木框之中。铁线弓戛平其面而成
坯形。"[1] 该阶段，巴蜀地区采用砖筑的风土院落也逐渐变多。经
人工烧制后的砖，其强度、耐磨以及耐火性能等都大幅度增强。

1.（明）宋应星《天工开物》

图 6-26 巴蜀地区蟾蜍汉砖
（来源：http://www.gucn.com）

较生土、竹木等天然材料而言，砖是昂贵的人工建材，因而砖筑墙体普遍用于大户人家或繁荣的商贸场镇。

一、空斗砖墙的砌筑方式与特点

风土院落的砖墙砌法主要有五种：卧砖、陡砖、甃砖、线道砖以及空斗砖[1]。在巴蜀地域，空斗砖墙使用最为频繁，也最具地区特色，其大量用于山墙、院墙、槛墙、檐墙以及影壁等部分。这种砖方且薄，尺寸多为 200mm × 140mm × 25mm。其砌筑方法是用砖砌成盒状，中空部分填以碎石或生土，墙厚一砖至一砖半，大致有马槽斗、高矮斗、盒盒斗以及交互斗四种类型。这种空斗

---

1. 刘大可《瓦石营造做法》中关于砖墙砌法的分类。

砖墙本质上是一种复合材料墙体，防潮、保温、隔热性能优良，且经济省料。

（一）马槽斗式砌法

马槽斗在巴蜀地区一般有两种砌筑方式（图6-27）：

一种方法是：横向构造，一层陡砖与一层丁砖间隔砌筑；竖向构造，一层卧砖与一层陡砖相间砌筑；墙体内为空心，中空部分以沙土填实，墙厚约240mm。

另一种方法是：横向构造，用陡砖砌筑；竖向构造，一层卧砖和一层陡砖间隔砌筑；墙体内为空心，中空的地方用沙土填实，墙厚约180mm。

（二）高矮斗式砌法

高矮斗的砌筑方法：横向构造，用陡砖砌筑；竖向构造，一层卧砖与一层陡砖间隔砌筑；剖面构造，卧砖高矮交织搭接；墙体内为空心，中空的地方用沙土填实，墙厚约270mm（图6-28）。

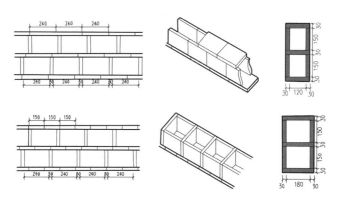

图6-27　巴蜀地区马槽斗式砌法

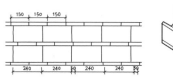

图 6-28　巴蜀地区高矮斗式砌法

（三）盒盒斗式砌法

盒盒斗的砌筑方法：横向构造，一层陡砖与一层卧砖间隔交替砌筑；竖向构造，一层卧砖与一层陡砖相间砌筑；墙体内为空心，中空部分以沙土填实，墙厚240mm（图6-29）。

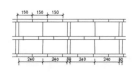
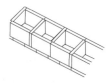

图 6-29　巴蜀地区盒盒斗式砌法

（四）交互斗式砌法

交互斗的砌筑方式：横向构造，前后侧的丁砖错开，一层陡砖与一层丁砖相间砌筑；竖向构造，一层卧砖与一层陡砖间隔砌筑，墙体内为空心，中空的地方用沙土填实，墙厚约370mm（图6-30）。

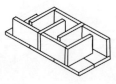

图 6-30　巴蜀地区交互斗式砌法

二、空斗砖墙的勾缝方式与特点

空斗砖墙的勾缝方法常见的有五种：耕缝式、划缝式、串缝式、做缝式以及描缝式[1]。勾缝材料的色调多与砖墙一致，民间多以月白灰、老浆灰等灰浆为主，特殊情况亦有灰墙黑缝或灰墙白缝的做法（图6-31）。

图6-31　巫山大昌空斗砖墙

---

1. 刘大可《瓦石营造做法》中关于墙面勾缝做法的记述。

（一）耕缝式

耕缝的器具称为"溜子"，是一种削成扁平状的竹片或具有相对硬度的细金属丝。耕缝如有空虚不齐之处，事先应打点补齐，要用平尺板对齐灰缝贴在墙上，然后用溜子顺着平尺板在灰缝上耕压出缝子，耕完卧缝后再耕立缝。

（二）划缝式

使用砖缝内的原有灰浆勾缝，因此，划缝式也称作"原浆勾缝"。划缝前，要用较硬的灰将缝里空虚之处塞实，然后用前沿稍尖的小木棒沿着砖缝划出圆洼缝。

（三）串缝式

串缝做法用于灰缝较宽的墙面，所用的灰一般为麻刀。串缝时，用小抹子或小鸭嘴挑灰分两次将砖缝堵平，串轧光滑。

（四）做缝式

做缝做法一般用于虎皮石墙。所用灰的颜色与墙面一般对比强烈，如虎皮石用深灰色，砖墙用白色，做缝色调与墙体一致的情况也多有出现。

（五）描缝式

描缝做法是：先将缝子打点好，然后用自制的小排刷沾烟子浆沿平尺板将灰缝描黑。在描缝过程中，每两笔要重复描述，以确保描出的墨色深浅一致。描缝时，应注意矫正原灰缝的缺陷之处，确保墨线宽窄一致、横平竖直。

三、空斗砖墙的地域性技术特色

巴蜀地区的空斗砖墙多用于风土院落的院墙、山墙、槛墙、檐墙以及影壁等，具备防火、防盗、保暖、隔热等功能。空斗砖墙的功能形制不尽相同，是巴蜀地区风土院落的重要空间要素。种类繁多的封火山墙，独具特色的槛墙、檐墙等，更成为巴蜀地区风土院落的典型特色。

（一）封火山墙的地域类型及特色

巴蜀地区的封火山墙一般由墙基、墙身、墙檐三部分构成，墙体采用空斗砖墙，墙面采用清水灰砖，白灰勾缝，墙脊用砖挑出叠涩，并用瓦和灰塑做出各类脊头花饰。封火山墙组合形式灵活，造型变化丰富，类型特征多样。其主要分为三种：人字形封火山墙、阶梯形封火山墙、弧线形封火山墙。封火山墙使巴蜀地区的院落屋顶错落有致，回转流畅，极大丰富了风土院落屋顶的轮廓与层次。

人字形封火山墙平行于风土院落的人字形屋面，呈三角形构图。譬如酉阳龚滩冉家院子（图6-32），两个人字形封火山墙与院墙结合，将两个三角形构图的山墙通过中间一道水平的山墙相联系，整体轮廓丰富曲折，极富美感。阶梯形封火山墙主要分为三花式与五花式两种。阶梯形封火山墙随屋面高低而分台跌落，进深小的房屋分三台跌落为三花式，进深大的分五台跌落为五花式。三花式抑或五花式山墙均有墙檐、墙脊，墙檐下部施以彩绘。譬如重庆涪陵地区某祠庙院落（图6-33）为典型的四花式山墙，墙面上有多重肌理，极富层次感与韵律感。弧线形封火山墙主要分为猫拱背式与龙形山墙两种，这种山墙的弧线宛如伸腰拱背的

图 6-32　酉阳龚滩冉家院子

猫造型或在空中盘旋游走的龙造型。山墙分成屋脊、屋檐、戗檐、砖檐、墙身、墙基。弧线形封火山墙活泼舒展，在巴蜀地区的民间极受推崇。如重庆的湖广会馆风土院落群，采用了大量弧线形封火山墙（图 6-34），既有形态活泼灵动的猫拱背式，亦有大气舒展的龙形山墙。两者组合运用，发挥其防火、防盗、保暖、隔热的作用，亦可有效地丰富院落屋顶的轮廓与层次。

图 6-33　重庆涪陵地区某祠庙院落

图 6-34　湖广会馆风土院落群（左）与封火山墙（右）

（二）槛墙与檐墙的地域类型及特色

巴蜀地区的砖筑槛墙是指前檐窗沿下部的墙体，槛墙高度可按檐柱高的 3/10 计算，一般约 1100mm。巴蜀地区的砖砌槛墙多采用空斗砖墙，厚度一般不小于柱径，砖的砌法多采用卧砖十字缝，下部槛墙的平直厚重与上部轻盈的穿斗木结构形成强烈对比，地方特色鲜明。

檐墙分为前檐墙和后檐墙，后檐墙一般要比屋面檐口高。由于檐墙过于封闭，易造成通风不畅，因而巴蜀地区的风土院落一般不做前檐墙，但一些大型风土院落要求房屋具备安全防卫功能，往往将房屋的两面山墙和前后檐墙连接合拢，从而形成具有防御特征的檐墙（图 6-35）。檐墙一般由墙基、墙身和檐子组成，墙基多由青条石砌筑，墙身采用空斗砖砌法，墙体多设置花窗与匾额。檐子的装潢和山墙砖檐类似，有多种砌法，檐子下部会有白灰条带，施以民间装饰彩绘，非常精致。

图 6-35 重庆地区某民居院落前后檐墙

第四节 巴蜀风土院落空间的屋顶构造技术

巴蜀地区特色的人文地理及气候环境，造就了兼容并蓄的区域文明。该区域风土院落也呈现出兼容并蓄、吸纳融合的空间形态，如"天井"与"院坝"空间、"干栏"与"筑台"空间、"楼居"与"地居"空间等。在风土院落中，这种多样化的空间促使院落既保持灵巧轻盈的屋顶形态，亦有庄重均衡的屋顶形制。巴蜀风土院落的屋顶形态整体上层次丰富，屋顶穿插交接的方法更是类型丰富，屋顶外部空间形态亦是类型多样、繁复鲜明，成为独具特色的第五立面（图6-36）。

一、屋顶空间组合与形态特征

巴蜀风土院落因势利导，适应地形而建，充分利用岗、谷、脊、坎、坡、壁等多种地形地貌，产生了与复杂地形相适应的多样屋

图 6-36　巴蜀地区民居院落的屋顶形态

顶组合形态。屋顶一方面随着地形关系而起伏回旋，自身形态也变化多样，另一方面屋顶组合类型也极为丰富，共同构成了风土院落屋顶独特的艺术魅力。

（一）屋顶的基本组合与交接

巴蜀地区风土院落屋顶的基本组合与交接主要分为平、趴、骑、穿、跌、勾、错、扭、围 [1] 九种方式。

平：两屋面高度或者进深相同的情况下相交的一种屋面组合模式（图 6-37）。此时，两屋面的檐口高度相同，或者两屋脊的高度相同，或者檐口与屋脊的高度皆相同。

趴：两屋面相交时，其中一个屋面的体量、高度及进深皆比

----

1. 曾宇 . 川渝地区风土建筑营造技术研究 [D]. 重庆：重庆大学，2006.

图 6-37　巴蜀地区平齐相交式屋面组合

图 6-38　巴蜀地区"趴"式屋面组合

另一个屋面大，因而体量小的屋面置于体量大的屋面以上，此时，体量小的屋面檐口要比体量大的略高，但屋脊会略矮（图 6-38）。

骑：两屋面相交时，在体量、高度以及进深上相差不大，因而将一屋面作为主屋面，另一屋面作为次屋面，这样，主屋面的屋顶会架在次屋面以上，因此，主屋面的檐口和屋脊也比次屋面高（图 6-39）。

图 6-39　巴蜀地区"骑"式屋面组合

图 6-40 巴蜀地区"穿"式屋面组合

穿：两屋面相交时，一屋面的屋脊比另一屋面低，从而可直接穿插这一屋面的坡面从另一侧穿出来（图 6-40）。

跌：风土院落依山而建，上一级的屋檐常常会叠在下一级的屋檐之上，依次往上组合，屋顶层层叠叠，动势与韵律极强（图 6-41）。

勾：两屋面前后相接，前一个房屋的檐口搭在后一个房屋的檐口上，两个檐口处形成一个天沟，这种屋面形式可获得较大的室内空间（图 6-42）。

图 6-41 巴蜀地区"跌"式屋面组合

图 6-42 巴蜀地区"勾"式屋面组合

错：不同房屋的屋面紧贴在一起，为使风土院落整体形式不至于单调而将相邻屋面错开，以使屋面形式灵动活泼（图6-43）。

扭：两屋面相交时，屋面夹角不再是90°。这类情况多是场地周边的地形、产权、道路等自然或人为原因作用所导致（图6-44）。

围：两屋面相交时，其中一个屋面檐口比下一个屋面的屋脊高，下边的屋檐围住或半围住上边屋檐下的墙体，从而形成一围脊。此种情况多用于多层房屋与单层房屋的组合（图6-45）。

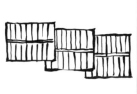

图6-43　巴蜀地区"错"式屋面组合

图6-44　巴蜀地区"扭"式屋面组合

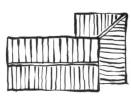

图6-45　巴蜀地区"围"式屋面组合

（二）院落屋顶组合的地域特征

在巴蜀地区院落屋顶的组合中，形态复杂的屋顶利用高低错落的形式巧妙适应地形地貌，与气候环境相生相成，构成了极具魅力的院落屋顶组合。总体来说，巴蜀地区院落屋顶的组合特色可以概括为：因势利导，顺应地形；形态多样，对比强烈；主从有序，等级严明。

因势利导，顺应地形：巴蜀地区地形复杂多样，风土院落多依坡就势，院落屋顶顺应架空、筑台、靠崖等多种方式，巧妙运用屋顶搭接组合的手段，营建层次丰富的屋顶造型。如酉阳龚滩的杨家院子（图6-46），顺应山势，以分层筑台的方式营造院落空间。院落屋顶造型多样，高矮错落，层次分明，互相围合形成丰富的天际轮廓。

图6-46　酉阳龚滩杨家院子

形态多样，对比强烈：巴蜀地区的风土院落常巧妙运用多种屋顶形态，将形态对比强烈的屋顶互相穿插组合，从而形成艺术形象灵动活泼的风土院落。如云阳张桓侯庙院落组合（图6-47），其山门为歇山式门楼，翼角自檐口起翘，舒展成一条完整曲线，与院落西边的封火山墙弧线巧妙衔接，简洁的山墙面亦将歇山屋顶的门楼衬托得大气伸展。结义楼的三重檐屋面与两侧端正平直的山墙相对比，巧妙地打破了横向立面的单调，促使院落屋顶组合既中规中矩，轴线对称，又动感十足，气势磅礴。

主从有序，等级严明：巴蜀地区的大型风土院落，遵循宗法礼制，讲究尊卑有序。这种院落整体布局强调轴线关系，严格区分内外空间。其屋顶形态大致形成中间高、两侧低、后部高、前

图6-47　云阳张桓侯庙主入口（左）与沿江立面（右）

图 6-48 潼南双江田坝大院
（来源：《潼南双江镇田坝大院建筑初探》）

部低的关系，主从有序，等级森严。在错落的屋顶之间互相搭接时，檐口通常取平，形成所谓"天井三檐平"或"天井四檐平"[1]的做法，如潼南双江古镇的田坝大院（图6-48）。根据不同位置和功能，各个房屋单体的屋顶错落有致：处于主轴线后部的正房屋顶最高，而位于正房前面的厅堂屋顶高度次之，处于主轴左右的厢房和侧院屋顶高度大致等同，都比厅堂略低，沿院墙而行的檐廊屋顶最低。整个田坝大院屋顶组合高低错落，等级分明，层次清晰，主从有序。

（三）院坝屋顶与天井屋顶

形成院坝屋顶的各主屋之间多是相分离的，其屋面并不直接搭接，各房屋的门窗朝向内院，整个院落的外部空间较为闭塞。巴蜀地区的风土院落空间与北方院落空间有所不同，巴蜀地区的院落虽然各房屋分离，屋面不相搭接，但由于气候环境，其

---

1. 天井三檐平指厢房的前檐常与正厅的后檐齐平而较正房的前檐略低；天井四檐平指耳房（厢房）和正房正厅全部齐平的做法。见刘致平《中国居住建筑简史——城市、住宅、园林》（2000）。

图 6-49　四川泸州尧坝某民居院落

前檐多设披檐或檐廊，周围披檐或檐廊常做成互相搭接的拐角屋（图 6-49）。天井院落与开阔宽敞的院坝不同，天井小巧紧凑，周围的房屋并不相离，其屋面互相搭接。在民间，屋面纵横相交的阴角部分多采用窝角沟进行处置，使屋面水流加快，不易渗透。由于天井四周的房屋紧密相连，使四面屋檐全部连通，充分适应了巴蜀湿热多雨的气候环境，既能遮蔽阳光，又能保证通风顺畅，既能阻挡雨水，又提供了室外活动的空间（图 6-50）。

图 6-50　重庆龙潭古镇王家大院的天井

二、屋顶空间形态与构造技术

地域性的物质文化形态是借助地域性的技术工艺来实现的。巴蜀地区风土院落屋顶空间形态的构造主要取决于其结构构架，因而其构造技术映射了屋顶空间形态。巴蜀风土院落屋顶空间形态与构造技术主要涉及歇山屋顶的简化构造、卷棚屋顶的空间构架、悬山屋顶及其挑檐构造以及屋面做法及其构筑技术。

（一）歇山屋顶的简化构造

歇山屋顶在巴蜀地区产生较早，四川牧马山汉墓出土的明器陶屋中就已出现歇山屋顶的雏形，其屋顶是由悬山屋面及其周围添加的披檐所构成的四坡屋顶。至两晋阶段，悬山顶与披檐合为一体。后来，随着木构连架技术的成熟，屋顶构造采用收山做法，从而形成了标准的明清官式收山构造的歇山屋顶。

巴蜀地区极富地域特色的歇山屋顶返璞归真，沿袭了古老的两汉时期不收山的做法，是北方歇山屋顶的简易版，其构造主要分为两种。较为规范的做法是在山面直接收进一间，运用稍间与次间的缝架来建构歇山屋顶。这类歇山不需要踩步金及草架柱，结构简单且受力合理。由于收进了一整间的距离，与《清式营造则例》中的官式相比，屋顶歇山部分较短，山花收进更多，比例秀丽，风格轻盈。更为民间的做法一般分成带檐廊和不带檐廊两种。带檐廊的歇山屋顶，即在山墙面出挑的廊子上加披檐，使之与正面的屋檐相交构成歇山，如酉阳龚滩的大量风土院落均采用这种简化的歇山屋顶形式（图6-51）。不带檐廊的做法是在山墙面的尽间梁柱构架上直接用挑檐枋出挑，在两山面各出屋檐与前后屋面相交成简易歇山。

（二）卷棚屋顶的空间构架

据宋《营造法原》和《清式营造则例》所载，卷棚屋顶构造方法共计两种：一种是借助童柱、斗栱上承两檩，在檩间架设弓

图6-51　酉阳龚滩夏家院子

形顶椽；另一种是借助月梁的两头支承两檩，再架回头椽。这两种做法都是通过两根檩子来形成平曲屋顶的，在巴蜀地区的民间并未采用这两种构造，而是采取了极具地域特色的做法，即使用单根脊檩的卷棚屋面，这类卷棚屋面的构造做法与悬山屋面相似，只是在椽子的构造上采用鹤颈椽替代了悬山屋面中的头顶椽，从而利用拥有弧度的鹤颈椽构成了卷棚屋面顺滑的弧线。这类构造做法与悬山屋面相比较，只是更改了单根构件，便构成了相异的屋顶形态，如自贡西秦会馆的卷棚屋面便采用了这类做法（图 6-52）。

图 6-52　巴蜀地区卷棚屋顶的地方做法

（三）屋面做法与构筑技术

巴蜀风土院落屋面的地域特色与巴蜀地区的文化地理及气候环境息息相关。巴蜀地区院落的屋面结构不采用苫背与望板，而是直接将仰瓦置于橼条之间，将盖瓦盖在两仰瓦之间，这类做法叫做"冷摊瓦"（图 6-53）。屋面下则采取"彻上露明造"，即

图 6-53　四川阆中侯家大院中的冷摊瓦

直接在室内就能见到大面积的瓦背面，不加任何的装饰。

　　巴蜀民间院落屋面的坡度做法有一套较为完备的体例，与北方官式建筑的"举折"有所不同。根据房屋檐檩到脊檩的水平与垂直距离的比值来确定屋面坡度，该值称为几分水。如若是四分水，就是在房屋的檐檩到脊檩的水平间距每10尺抬高4尺，抬高5尺就叫五分水，依次类推。巴蜀地区的风土院落屋面以四分水（坡度约22°　）与五分水（坡度约27°　）为主。如重庆沿江地区，屋面坡度几乎都是四分水，若房屋进深较大，可做到五分水（图6-54）。

图6-54　江津中山古镇民居院落屋顶

三、屋檐出挑空间与构造技术

巴蜀地区风土院落的挑檐灵活、轻盈，出檐深远，极具特色。这种深出檐的空间特点与巴蜀地域构造技术密切相关。从民间构造技术上来解析这种空间原型，屋檐出挑空间的技术实现可分为挑檐空间与构造、披檐空间与构造、檐廊空间与构造三种类型。

（一）挑檐空间与构造

巴蜀院落房屋的挑檐做法是将挑枋从外檐柱穿出，承托住挑檐檩和随檩枋，挑枋穿入内檐柱中或是压在相邻穿枋下。檐口出挑的具体构造方法分单挑与多挑两种。

单挑出檐：巴蜀地区的单挑出檐是指由单根挑枋承挑屋檐，檐柱至挑檐檩的水平间距约为一个步架。为增强稳固性，常在挑枋下设置撑弓。挑枋的造型多样，民间的一般做法为长方形，更复杂的做成古代刀币形，前大后小，端头往上起翘，附以精致的镌刻，端头截面水平以承托挑檐檩。单挑（图6-55）从构造做法上可分成硬挑和软挑两种，硬挑是指穿斗构架的穿枋直接从金柱穿到檐柱上，而软挑是指增添的挑枋穿越檐柱中心插入金柱或挂中。

多挑出檐：巴蜀地区的双挑出檐构造做法多样，常与吊瓜、坐墩以及撑弓结合为一体，雕刻精致，特色鲜明。多挑出檐（图6-56）类型可分成双挑、多挑两种。双挑是指出檐采用两层挑枋将屋檐挑出，较之单挑更为繁杂，样式也更多，一般双挑出檐都较为深远，大多出挑两个步架，有双挑坐墩、双挑吊瓜的做法。多挑出檐常用于出挑长度非常深远，双挑很难支承的情况，因而在双挑下再

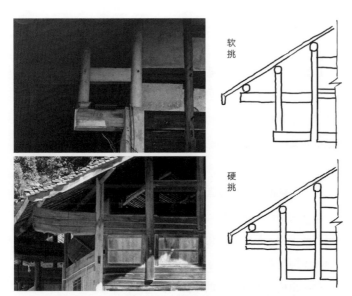

软挑

硬挑

图 6-55　巴蜀地区民居院的单挑出檐

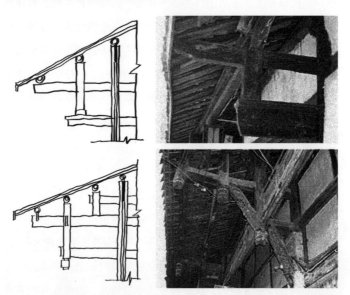

图 6-56　巴蜀地区民居院落的多挑出檐

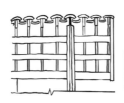

图 6-57　巴蜀地区民居院落的檩条出山

增加数层挑枋。

　　檩条出山：巴蜀地区的悬山屋面在山墙面出檐也较为深远，以防止雨水侵蚀山墙面（图 6-57）。这种山墙面出檐的做法被称为檩条出山，其具体构造做法是将檩子出挑，铺设四到八根挑檐板，长短约 1200mm，挑檐板上铺青瓦，边沿的椽条与檩头上加封檐板，以防雨水侵蚀檩条。

（二）披檐空间与构造

　　巴蜀地区风土院落的披檐可分为单层披檐、多层披檐、山墙眉檐三种（图 6-58）。单层披檐是指院落屋檐为满足特殊功能需求而搭建的附加屋檐。多层披檐常出现在带有楼居的风土院落中。单靠屋顶挑檐对于下层墙身区域的遮阳避雨效果较差，因而在底部另设房檐或从楼层挑出腰檐，从而构成多重披檐。山墙眉檐是指在带有楼居的风土院落中，山墙面的檩条出山也难以很好地遮阳避雨，因而在山墙面加设披檐以防雨水侵蚀山墙下部。这些富于变化的披檐空间与构造是巴蜀风土院落的独特风貌。

（三）檐廊空间与构造

　　巴蜀大型风土院落的正厅正房部分往往都使用檐廊，檐廊进

单层披檐

多层披檐

山墙眉檐

图 6-58　巴蜀地区民居院落的披檐

图 6-59　巴蜀地区民居院落的檐廊空间的细部构造

深很大，可达 3000mm，檐廊挑檐一般只用单挑，挑枋下多为雕琢精致的撑弓。这类檐廊的装饰工艺也非常考究，其穿枋之间一般不使用短柱而用驼峰，驼峰雕琢精致，用金箔烫金；或不用驼峰，而将抱头梁做成月梁形，其上镌刻各种民俗题材图案（图 6-59），如如意云纹等。

四、屋顶空间的装修饰面技术

屋顶空间是风土院落空间中极具艺术魅力的部分，屋顶的装饰不仅是风土院落形象的补充，更集中反映了其文化内涵和地域特征。巴蜀地区风土院落的屋顶空间通过运用具有民间地域特色的装饰技术来生动地体现巴蜀地域的建筑文化。

（一）屋脊的类型及特色做法

在屋顶空间的装饰技艺中，屋脊是最能反映其文化艺术内涵的装饰部位。风土院落的屋脊造型多样，具有浓郁的巴蜀地域文

图 6-60　巴蜀地区民居院落叠瓦屋脊的细部构造

化特征。根据其所处位置可分为正脊、垂脊、戗脊、博脊；按构造技术可分为叠瓦屋脊、灰塑屋脊和瓷片贴屋脊三种。

　　叠瓦屋脊（图 6-60）：巴蜀地区常用青瓦堆叠成脊，在屋面中轴叠瓦中堆，两头起翘。具体施工有两种做法：一种是在两坡瓦垄的相接处横向码放盖瓦若干层，盖瓦与盖瓦首尾连接，之间不留间隙，上层与下层的盖瓦接缝避开半块盖瓦的位置；另一种是在两坡瓦垄相接处的前后侧各横向码放一垄盖瓦，盖瓦首尾连接，然后在两边坡面做叠瓦，呈八字形，最后在两垄八字形盖瓦上叠数层盖瓦，接缝处避开半个盖瓦的位置。

　　灰塑屋脊（图 6-61）：巴蜀地区的灰塑屋脊一般有两种做法。一种是在两坡瓦垄相接处用厚约 100mm 的黏土拍实，然后在黏土上用盖瓦横向叠瓦，叠瓦多采取压四露六的叠法，最后在屋脊两

图 6-61　巴蜀地区民居院落灰塑屋脊的细部构造

图 6-62　巴蜀地区民居院落瓷贴屋脊的细部构造

头挑出一块瓦作为收头的舌苔。另一种是在两坡瓦垄的交接处横向码放盖瓦若干层，盖瓦与盖瓦首尾连接，上层与下层的盖瓦接缝恰好避开半块盖瓦的位置，然后再用灰浆压在盖瓦之上，厚约100mm。

瓷贴屋脊（图 6-62）：巴蜀地区风土院落中，一些祠庙宫观与会馆大多装潢华丽，常用筒瓦与琉璃瓦作盖瓦。这些院落的正脊常先用盖瓦或筒瓦垒脊，然后在其上做通脊，通脊上用碎瓷片组合，拼贴出各类吉利纹样，玲珑剔透，美观大方，艺术魅力别具一格。

（二）撑弓结构及装饰

撑弓是挑头前端下撑到柱心的斜材，是防止檐角下移及稳固屋架的部件。一般处在挑枋下端，与挑枋、檐柱一起构成三角形结构。撑弓将出挑的压力直接传到柱子，简化了出挑构造，结构逻辑明晰，特别是在出檐深远的情况下，撑弓的结构作用十分重要。一般说来，撑弓有板式、角式和棒式三种样式（图 6-63），其中板式运用较为普遍，受力结构也最合理。除了具有结构功能，撑弓还是重要的装饰部件，巴蜀大型风土院落的大多数撑弓表面

板式撑弓

角式撑弓

棒式撑弓

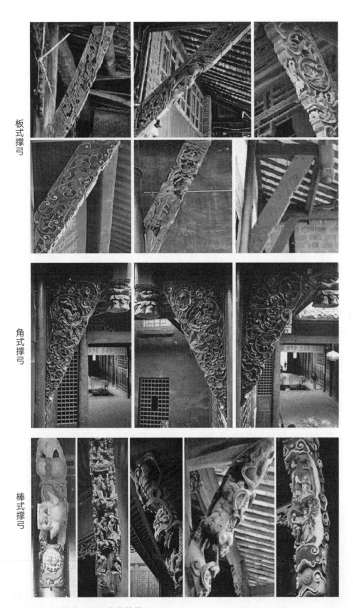

图 6-63　巴蜀地区民居院落的撑弓

镌刻精致，其雕饰方法一般有浮雕、圆雕和镂空雕三种。板式撑
弓表面多为浮雕，题材多为草木云纹或民俗故事等，为了获得更
大的雕刻面，板宽亦随之增大到极限，就成了角式撑弓。棒状撑
弓多采用圆雕或镂空雕手法，内容多为动物、飞禽或民俗人物等。
镂空镌刻大多聚集在人们视野内的阳面，阴面不作雕刻，以确保
有充足的截面来承载结构受力，有的撑弓装饰还采用彩绘或金箔。

（三）挑枋结构及瓜柱

巴蜀地区的挑枋是风土院落屋面出檐的主要构件。从结构上
分析，挑枋类似斗栱构件中的"翘"，但其结构更加简单直接。
巴蜀地区的挑枋不但符合结构原理，造型也生动有趣（图6-64）。
一般的风土院落中，诸如挑枋多向上弯曲，栱头上翘，弧度与牛
角相似，被称为"牛角挑"。这种形式的挑枋利于减小受压变形，
极大地增强了承载能力。在双挑出檐的构件中，下层挑枋常支承
檐檩短柱，被称为"板凳挑"。在规格较高的风土院落中，有些
挑枋被雕刻成卷云、蚂蚱头的样式，主体挑枋下面的辅助挑枋常
雕刻成象头状，被称为"象鼻挑"。巴蜀院落历来重视构件的装
饰与美化，瓜柱是位于挑枋上的短柱，承托上层挑枋或直接支承
挑檐檩。瓜柱一般分为坐墩与吊墩两种（图6-65）。坐墩是指坐
于挑枋以上的瓜柱，常与板凳挑相联系，刻成覆盆或莲花形状，
更精致的雕刻成狮子等祥瑞之物的造型。而吊墩是指穿过挑枋而
垂下的瓜柱，民间俗称"吊瓜"。吊瓜的端部常刻成花篮、金瓜、
灯笼或垂莲等造型，与北方的垂花门相类似。

牛角挑

象鼻挑

大刀挑

板凳挑

图 6-64　巴蜀地区民居院落的挑枋

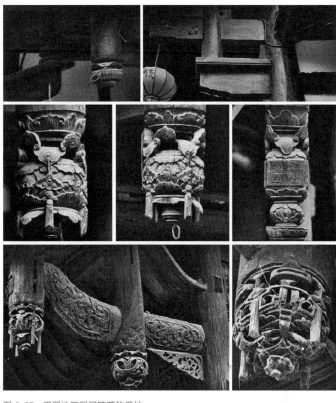

图 6-65　巴蜀地区民居院落的瓜柱

（四）轩棚的装饰构造

巴蜀地区的轩棚又称卷棚，其主要应用于风土院落中重要房屋的檐廊或前檐外廊，以遮挡檩枋交错的构架，确保天棚视觉效果的统一性。其做法是借助柔美的波浪形弧线将原来错综复杂的檐部构架统一起来，使之视觉更具纯粹性与统一性。檐廊内的轩棚构造极具地域特色，其将西南地区的"廊"与江南地区的"轩"

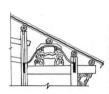

图 6-66　巴蜀地区前檐下的卷棚轩

的结构做法与造型特点有机融合。在檐柱和金柱之间的穿枋上设驼峰，呈龟背形，曲边上承两根横向檩条，其上设卷叶形的椽条，椽条上铺砌薄木板所做的卷叶形天棚，即先将卷叶形的椽子架构在檐檩上，再用薄木板做成卷叶形天棚固定在椽条之上（图6-66）。

（五）瓦当与封檐板

　　瓦当是筒瓦顶部的低垂部件，有圆形和半圆形两种形制，与滴水轮换设置，起到是封堵瓦垄、维护檐椽的作用，是一种适用兼审美的瓦饰部件。巴蜀地区的瓦当主要使用在祠庙宫观以及大型风土院落中，具有深刻的历史文化内涵，其上的图案纹饰反映了巴蜀地区独特的地域文化，如潼南双江杨氏宅院的房檐使用了如意状的滴水和扇形瓦当（图6-67）。巴蜀地区院落轻薄，只用扁平的椽条出檐，其端头易被雨水侵蚀，因此封檐板是不可或缺的部件。封檐板由较长的薄木板制造而成，精细的工艺是饰以浅

图 6-67　巴蜀地区民居院落的瓦当

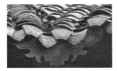

图 6-68　巴蜀地区民居院落的封檐板

浮雕，有的将板下缘处理成曲线纹样，使屋面造型更为饱满多样，如四川阆中风土建筑的封檐板下缘均做成曲线纹样（图 6-68）。

第五节　本章小结

首先，从巴蜀风土院落穿斗木构连架的构成与特点、穿斗木构连架的地域适应性、穿斗与抬梁的综合利用三个方面论述巴蜀地区风土院落木构连架技术。立足于田野考察，分析穿斗木构连架的构成要素、穿斗木构连架的构成方式、穿斗木构连架的空间整体性与结构柔性，诠释了穿斗木构连架的构成与特点；分析穿斗木构连架对地形地貌的灵活适应、用材经济且施工简便，简化屋檐、屋面构造，空间形态灵活丰富，诠释了穿斗木构连架的地域适应性；同时对穿斗与抬梁的结构进行比较，分析穿斗与抬梁相结合的木构连架体系，诠释了穿斗与抬梁结构的综合利用。

其次，从巴蜀地区版筑墙体的构筑方式与特点、土坯墙体的构筑方式与特点、生土墙体的地域性特色三个方面论述巴蜀地区生土墙的构筑技术。立足于田野考察，分析版筑墙体的配比及夯筑、版筑墙体的抹面及成型，诠释了版筑墙体的构筑方式与特点；

分析土坯砖的制坯配比、土坯墙体的砌筑工艺，诠释了土坯墙体的构筑方式与特点；同时也分析生土墙体的地区适应性特色和地区美学特色，诠释了巴蜀地区生土墙体的地域性特色。

然后，从巴蜀地区空斗砖墙的砌筑方式与特点、空斗砖墙的勾缝方式与特点、空斗砖墙的地域性特色三个方面论述巴蜀地区空斗砖墙的砌筑技术。立足于田野考察，分析马槽斗式砌法、高矮斗式砌法、盒盒斗式砌法、交互斗式砌法，诠释了空斗砖墙的砌筑方式与特点；分析耕缝式、划缝式、串缝式、做缝式、描缝式，诠释了空斗砖墙的勾缝方式与特点；同时分析封火山墙的地域类型及特色、槛墙与檐墙的地域类型及特色，诠释了空斗砖墙的地域性特色。

再次，从巴蜀地区风土院落屋顶空间组合与形态特征、屋顶空间形态与构造技术、屋檐出挑空间与构造技术、屋顶空间的装饰技术四个方面论述巴蜀地区风土院落屋顶构造技术。立足于田野考察，分析屋顶基本组合与交接、合院屋顶单元与天井屋顶单元、院落屋顶组合的地域特征，诠释了屋顶空间组合与形态特征；分析歇山屋顶的简化构造、卷棚屋顶的空间构架、屋面做法与构筑技术，诠释了屋顶空间形态与构造技术；分析挑檐空间与构造、披檐空间与构造、檐廊空间与构造，诠释了屋檐出挑空间与构造技术；同时也分析屋脊的类型及做法特色、撑弓结构与装饰、挑枋与瓜柱、轩棚的装饰效果、瓦当与封檐板，诠释了屋顶空间的装饰技术。

最后，通过对巴蜀地区风土院落木构连架技术、生土墙的构筑技术、空斗砖墙的砌筑技术、风土院落屋顶构造技术的四重考察，完成从"组织—技术"的技术史学考察向"构造—空间"的建筑学考察的转变，梳理出巴蜀风土院落的地域构筑技术对院落空间的深刻影响，这种影响通过 "人"的主观能动性与地域环境的结合而最终物质化在巴蜀风土建筑的院落空间中。

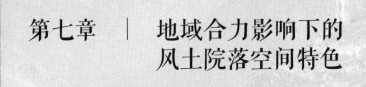

第七章 地域合力影响下的
风土院落空间特色

经过地理气候、政治经济及民俗文化的多重影响，巴蜀地区风土院落空间的地域构筑技术经验不断累积，成为该地区丰厚的建筑文化遗产。其极具特色的空间形态与多元丰富的文化内涵充分展现了巴蜀地区的民间创造力，最终以固化的物质空间形态规范了人们的居住方式。

本书从史论学的角度出发，以个案测绘调查为基础，立足于巴蜀地区物质建成环境整体，从风土院落空间的发展演变、空间形态的基本原型、地域因子对空间形态的限定、技术运用的逻辑表达四个方面建构"地域文化"的多元化视角。运用这个视角继而把握风土院落空间特色的本质，结合"历史"与"自然"进行双重考量，结合"物质"与"精神"进行双重选择，以侧重风土院落空间实态的原有类型学研究为基础，进一步深化补充。尝试从多学科的角度分析比较并展现巴蜀地区风土院落空间的形态、文化、技术及艺术，以期说明风土院落空间发展的历史渊源与演变过程、院落空间与各相关因素的相互作用，凸显诸多因素限定之下产生的风土院落空间特色。由此可得启示如下：

（1）巴蜀风土院落空间的发展演变，是人们生产生活和思想意识演变的反映。人们因生产生活和思想意识的演变而衍生出了对居住环境及居住功能的需求，这种需求正是地域性的自然环境和社会环境双重制约的结果，因而地域性的自然环境和社会环境变迁是巴蜀风土院落空间嬗变的根本原因。

（2）巴蜀风土院落空间的类型特征，包含自然形态原型、社会功能类型、构筑材料类型三个方面。其本质是从"自然—社会—人"三位一体的建筑社会学考察转变为"形态—功能—技术"的建筑类型学考察，从而客观反映巴蜀地区风土院落丰富的类型特征，从类型学的角度显现这种类型已走向程式化，是自然地形地貌的产物，是适应本土气候的结果，是社会文化环境的物质化。

（3）地理气候环境与巴蜀风土院落空间，包含地理环境与院落空间、气候环境与院落空间、地理气候环境与院落生产生活空间三个方面。其本质是从"地理—气候"的地理气候学考察转变为"形制—空间"建筑学考察，从而揭示院落空间的"形态结构—地理气候"之间的"缘地性"特征，这种特征来自风土院落中"空间与场所相结合"的地域作用力。

（4）政治经济环境与巴蜀风土院落空间，包含社会经济环境与院落空间、民间防卫安全与院落空间、士绅商贾阶层与院落空间三个方面。其本质是从"政治—经济"的社会学考察转变为"形制—空间"的建筑学考察，从而揭示巴蜀地区建筑体系中极为成熟的风土院落，体现当地政治经济环境，是政治经济制度变迁的反映。

（5）民俗文化环境与巴蜀风土院落空间，包含巴蜀民俗信仰与风土院落空间、巴蜀民俗风气与风土院落空间、巴蜀文化交流与风土院落空间三个方面。其本质是从"民俗—交流"的文化学考察转变为"形制—空间"的建筑学考察，从而揭示出巴蜀地区经几千年发展演变形成的"大杂居、小聚居"的多民族融合的分布格局为巴蜀地区的特色民俗文化奠定了基础。这种地区特色的民俗文化通过对"人"的塑造而最终物化于巴蜀风土建筑的院落空间。

（6）巴蜀风土院落的地域构筑技术，包含风土院落木构连架技术、生土墙的构筑技术、空斗砖墙的砌筑技术、风土院落屋顶构造技术四个方面。其本质是从"组织—技术"的技术史学考察转变为"构造—空间"的建筑学考察，从而揭示风土院落营造的材料选择、结构构造及加工技巧等构筑技术浓厚的地域特征。巴蜀风土院落的地域构筑技术不仅是客观地理环境的反映，更是人类实践经验积累的表现。这种构筑技术蕴涵人文个性，反映地域环境的物源特色，是区域性传统生产方式与手工技术的见证。

地域文化是风土院落形成与发展的内在根源，风土院落是地域文化表达传承的重要方式。从风土院落与地域的关系上看，将"地域"作为一个文化地理学的概念进行转译和诠释。地域是特定的场所，一种与地理、形态条件紧密联系的环境。各地域环境都有特殊的属性，这些属性在风土院落中形成建构的要素，与时间发生关系，演化成历史的痕迹，形成文化的物质特征。巴蜀风土院落空间作为该区域历史、政治、经济、文化的变迁与发展的载体，是风土院落的空间理念与营建技术的集中体现，极具地域文化所赋予的地域特色，既是重要的物质文化遗产，也是宝贵的精神文化遗产。本文的写作目的也正是基于地域文化，系统全面地分析巴蜀风土院落的空间特质，从而把握空间特色研究的主体性地位。最终提出巴蜀风土院落空间研究的方法与途径，希望能够促进巴蜀风土院落空间特色研究方法的深入拓展，为风土建筑的继承和保护提供理论支撑，为现代建筑空间设计提供传统空间与文化基础。

参考文献

[1]　常璩 . 华阳国志 [M]. 唐春生，等译 . 重庆：重庆出版社，2008.

[2]　班固 . 汉书 [M]. 上海：世界书局，1935.

[3]　罗开玉 . 四川通史（第二册）[M]. 四川大学出版社，1993.

[4]　任乃强，任新建 . 四川州县建置沿革图说 [M]. 成都：巴蜀书社，2002.

[5]　侯仁之 . 中国古代地理名著选读 [M]. 北京：科学出版社，1959.

[6]　陈世松 . 四川通史（第五册）[M]. 成都：四川大学出版社，1993.

[7]　陈金川 . 地缘中国——区域文化精神与国民地域性格 [M]. 北京：中国档案出版社，1998.

[8]　童恩正 . 古代的巴蜀 [M]. 重庆：重庆出版社，1998.

[9]　蓝勇 . 西南历史文化地理 [M]. 重庆：西南师范大学出版社，1997.

[10]　段渝 . 南方丝绸之路研究论集 [M]. 成都：巴蜀书社，2008.

[11]　肖琼，等 . 中国西南少数民族文化要略 [M]. 成都：四川人民出版社，2011.

[12]　梁思成 . 中国建筑之特征，梁思成文集（四）. 北京：中国建筑工业出版社，1986.

[13]　刘致平 . 中国居住简史 [M]. 北京：中国建筑工业出版社，2000.

[14]　刘致平 . 中国建筑类型及结构 [M]. 北京：中国建筑工业出版社，2000.

[15]　潘谷西 . 中国古代建筑史（第四卷）[M]. 北京：中国建筑工业出版社，2001.

[16]　潘谷西 .《营造法式》解读 [M]. 南京：东南大学出版社，2006.

[17]　李允鉌 . 华夏意匠：中国古典建筑设计原理分析 [M]. 天津：天津大学出版社，2005.

[18]　侯幼彬 . 中国建筑美学 [M]. 哈尔滨：黑龙江科学技术出版社，1997.

[19]　梁思成 . 梁思成全集（第六卷）[M]. 北京：中国建筑工业出版社，2001.

[20]　陆元鼎 . 中国风土建筑 [M]. 广州：华南理工大学出版社，2004.

[21]　尚廓 . 中国风水格局的构成、生态环境与景观 . 风水理论研究 [M]. 天津：天津大学出版社，
　　　2005.

[22] 四川省文史研究馆 . 成都城坊古迹考 [M]. 成都：成都时代出版社，2007.

[23] 四川省建设委员会 . 四川古建筑 [M]. 成都：四川省科学技术出版社，1992.

[24] 四川省文物考古院 . 四川文庙 [M]. 北京：文物出版社，2008.

[25] 四川省勘察设计协会 . 四川风土建筑 [M]. 成都：四川人民出版社，2004.

[26] 中国科学院自然科学史研究所 . 中国古代建筑技术史 [M]. 北京：科学出版社，1985.

[27] 李晓峰 . 乡土建筑——跨学科研究理论与方法 [M]. 北京：中国建筑工业出版社，2005.

[28] 段进，揭明浩 . 世界文化遗产宏村古村落空间解析 [M]. 北京：中国建筑工业出版社，2005.

[29] 杨昌鸣 . 东南亚与中国西南少数民族建筑文化探析 [M]. 天津：天津大学出版社，2004.

[30] 阿摩斯·拉普卜特 . 宅形与文化 [M]. 常青，徐菁，等译 . 北京：中国建筑工业出版社，2007.

[31] 布鲁诺·塞维 . 建筑空间论：如何品评建筑 [M]. 张似赞，译 . 北京：中国建筑工业出版社，2006.

[32] 阿尔多·罗西 . 城市建筑学 [M]. 黄士均，译 . 北京：中国建筑工业出版社，2006.

[33] 布莱恩·劳森 . 空间的语言 [M]. 黄士均，译 . 北京：中国建筑工业出版社，2003.

[34] 肯尼思·弗兰姆普敦 . 现代建筑：一部批判的历史 [M]. 张钦楠，译 . 上海：生活·读书·新知三联书店，2004.

[35] 诺伯格·舒尔茨 . 场所精神——迈向建筑现象学 [M]. 施植明，译 . 台北：尚林出版社，1991.

[36] HARRIES K. Dwelling, seeing and design: toward a phenomenological ecology [M]. Albany State University of New York Press, 1993.

[37] FRAMPTON K. Studies in tectonic culture: the poetics of construction in nineteenth and twentieth century architecture [M]. Cambridge Mass: MIT Press, 1995.

[38] 庄周.庄子[M].梁溪生,校.上海：上海古籍出版社,2001.

[39] 沈克宁.建筑现象学[M].北京：中国建筑工业出版社,2008.

[40] TUAN Y F. Space and place: the perspective of experience [M]. Minneapolis: University of Minnsota Press, 1974.

[41] 顾颉刚.史林杂识初编[M].上海：中华书局,2005.

[42] 阿兰·邓迪斯.西方神话学读本[M].朝戈金,等译.桂林：广西师范大学出版社,2006.

[43] 马歇尔·萨林斯.整体即部分：秩序与变迁的跨文化政治[A]// 王铭铭.中国人类学评论（第九辑）[Z].北京：世界图书出版公司,2009.

[44] 马丁·海德格尔.海德格尔文集：路标[M].孙周兴,译.北京：商务印书馆,2014.

[45] 维克多·特纳.仪式过程：结构与反结构[M].黄剑波,柳博赟,译.北京：中国人民大学出版社,2006.

[46] 阿城.洛书河图：文明的造型探源[M].上海：中华书局,2014.

[47] 黄枝生.西部文丛第二辑：文昌祖庭探秘[M].北京：中国三峡出版社,2003.

[48] 杜赞奇.文化、权力与国家：1900–1942年的华北农村[M].王福明,译.南京：江苏人民出版社,2010.

[49] 皮埃尔·布迪厄.实践与反思：反思社会学导引[M].华康德,译.北京：中央编译出版社,1998.

[50] 李建华.西南聚落形态的文化学诠释[M].北京：中国建筑工业出版社,2014.

[51] 汪悦进.灵异山水：从东汉之图到西域之变[M].上海：上海三联书店,2015.

[52] 莫里斯·梅洛·庞蒂.知觉现象学[M].姜志辉,译.上海：商务印书馆,2001.

[53] 柳鸣九,郑克鲁,张英伦.法国文学史（中册）[M].北京：人民文学出版社,1981.

[54] 列维·斯特劳斯.面具之道[M].张祖建,译.北京：中国人民大学出版社,2008.

[55] 马丁·海德格尔.存在与时间 [M].陈嘉映，王庆节，译.上海：上海三联书店，2006.

[56] 谢尔盖·爱森斯坦.并非冷漠的大自然 [M].富澜，译.北京：中国电影出版社，2003.

[57] 米尔恰·伊利亚德.神圣的存在：比较宗教的范型 [M].晏可佳，姚蓓琴，译.南宁：广西师范大学出版社，2008.

[58] 赵卫邦.略论我国西南少数民族的图腾制度 [J].思想战线，1982，6：8-13.

[59] 郭璐.秦咸阳象天设都空间模式初探 [J].古代文明，2016，2：53-66.

[60] 张兴国.川东南丘陵地区传统场镇研究 [D].重庆：重庆建工学院，1985.

[61] 杨宇振.中国西南地域建筑文化研究 [D].重庆：重庆大学，2002.

[62] 李建华.西南聚落形态的文化学诠释 [D].重庆：重庆大学，2010.

[63] 赵逵.川盐古道上的传统聚落与建筑研究 [D].武汉：华中科技大学，2007.

[64] 杨宇振.清代四川城池的规模、空间分布与区域交通 [J].新建筑，2007(5)：45-47.

[65] 苏宏志，陈永昌.城市成长中传统街巷院落空间的继承与发展研究 [J].重庆建筑大学学报，2006(10)：70-74.

[66] 曾竞钊，等.川东南地区风土建筑典型夯土墙体探讨 [J].四川建筑科学研究，2008(10)：182-184.

[67] 李新建、朱光亚.中国建筑遗产保护对策 [J].新建筑，2003(4)：38-40.

[68] 曾竞钊等.明清工商会馆神灵崇拜多样化与世俗性透析 [J].西安文理学院学报（社会科学版），2011(2)：27-31.

[69] 龙宏.传统住居空间院落空间探析 [J].重庆建筑大学学报，2004(7)：10-13.

[70] 欧雷.浅析传统院落空间 [J].四川建筑科学研究，2005(10)：122-125.

[71] 刘先觉.古风土建筑保护与利用的新思考 [J].建筑与文化，2006(4)：74-78.

[72] 钟行明.中国传统建筑工艺技术的保护与传承 [J].华中建筑，2009(3)：186-188.

[73] 张勇，严奇岩.浅析四川移民的两大族群及其文化类型 [J]. 中华文化论坛，2009(1).

[74] 蓝勇.明清时期西南地区城镇分布的地理演变 [J]. 中国历史地理论丛，1995(1).

[75] 高王凌.乾嘉时期四川的场市、场市网及功能 [J]. 清史研究集三，1984：74–77.

[76] 徐辉.巴蜀风土院落空间研究框架 [J]. 建筑学报学术论文专刊，2011(2)：148–151.

[77] 姚军.四川地区明至清建筑结构和风格演变原因分析 [J]. 考古与文物，2017，6：70–82.

[78] 李先逵.川渝山地营建十八法 [J]. 西部人居环境学刊，2016(2)：1–5.

[79] 徐辉.风土礼俗与空间形制：西南地域礼俗环境下的传统合院空间构成关系 [J]. 新建筑，2017，10：100–105.

[80] 虞志淳，雷振林.关中民居生态解析 [J]. 建筑学报，2009，S4：48–50.

[81] 王芳，陈敬，刘加平.多民族混居区的地域性建筑 [J]. 建筑学报，2011，11：25–29.

[82] 杨俊.中国古代建筑草材料应用的研究 [J]. 建筑学报，2019，10：46–53.

[83] 邵俊仪.重庆吊脚楼民居 [J]. 建筑师，1989，9.

[84] 易学钟.石寨山三件人物屋宇雕像考释 [J]. 考古学报，1991(1)：23–43.

[85] 张十庆.从建构思维看古代建筑结构的类型与演化 [J]. 建筑师，2007，2：49–51.

[86] 朱竞翔.木建筑系统的当代分类与原则 [J]. 建筑学报，2014，4：2–9.

[87] 张原.走廊与通道：中国西南区域研究的人类学再构思 [J]. 民族学刊，2014，4：1–7.

[88] 张小军.文治复兴与礼制变革：祠堂之制和祖先之礼的个案研究 [J]. 清华大学学报，2012(2)：17–30.

[89] 张兴国，徐辉.风土信仰与空间形制：巴蜀民间信仰体系下的传统建筑空间构成关系解析 [J]. 新建筑，2015(4)：106–111.

[90] 李志生.中门和中堂：唐代住宅建筑中的妇女生活空间 [J]. 中国社会历史评论，2013(14)：198–223.

[91] 徐辉.巴蜀传统民居院落空间的发展演变初探 [J].建筑技艺，2014，2：104-106.

[92] 李东红，马丽娜.坚守还是改变：中国西南古代民族研究"三大族系说"的多学科讨论 [J].思想战线，2019(1)：113-126.

[93] 张远东，张笑鹤，刘世荣.西南地区不同植被类型归一化植被指数与气候因子的相关分析 [J].应用生态学报，2011，22(2).

[94] 黄涵宇，何登发，李英强，等.四川盆地及邻区二叠纪梁山—栖霞组沉积盆地原型及其演变 [J].岩石学报，2017 (4)：1317-1337.

图书在版编目（CIP）数据

现象与本征：明清巴蜀风土建筑的院落空间 / 徐辉
著 .—北京：中国建筑工业出版社，2023.6
　　ISBN 978-7-112-28824-3

　　Ⅰ.①现… Ⅱ.①徐… Ⅲ.①民居—建筑艺术—研究
—四川—明清时代 Ⅳ.① TU241.5

中国国家版本馆CIP数据核字（2023）第113871号

责任编辑：李成成
责任校对：姜小莲
校对整理：李辰馨

数字资源阅读方法：
本书提供图 1-16，图 1-17，图 2-10，图 2-30，图 2-32，图 2-40，图 3-4，图 4-7，
图 4-9，图 4-26，图 4-30，图 4-32，图 4-41，图 5-17，图 5-19，图 5-26，图 5-27，
图 5-42，图 6-1，图 6-3，图 6-8，图 6-9，图 6-15，图 6-18，图 6-23，图 6-25，
图 6-50，图 6-52，图 6-54 的彩色版，读者可使用手机 / 平板电脑扫描右侧二维码
后免费阅读。
操作说明：扫描授权进入"书刊详情"页面，在"应用资源"下点击任一图号（如
图 1-16），进入"课件详情"页面，点击相应图号后，再点击右上角红色"立即阅
读"即可阅读相应图片彩色版。
若有问题，请联系客服电话：4008-188-688。

现象与本征：明清巴蜀风土建筑的院落空间
徐　辉　著
　＊

中国建筑工业出版社出版、发行(北京海淀三里河路9号)
各地新华书店、建筑书店经销
北京海视强森文化传媒有限公司制版
北京中科印刷有限公司印刷
　＊
开本：880毫米×1230毫米　1/32　印张：10⅜　字数：239千字
2023年8月第一版　　2023年8月第一次印刷
定价：**65.00**元（赠数字资源）
ISBN 978-7-112-28824-3
　（41114）